Elisha Ikpe

Estratégias de Adaptação às Alterações Climáticas entre os Agricultores de Grãos

Elisha Ikpe

Estratégias de Adaptação às Alterações Climáticas entre os Agricultores de Grãos

em Goronyo Área de Governo Local do Estado de Sokoto

ScienciaScripts

Imprint

Cover image: www.ingimage.com

This book is a translation from the original published under ISBN 978-613-9-44969-9.

Publisher:
Sciencia Scripts
is a trademark of
Dodo Books Indian Ocean Ltd. and OmniScriptum S.R.L publishing group

120 High Road, East Finchley, London, N2 9ED, United Kingdom
Str. Armeneasca 28/1, office 1, Chisinau MD-2012, Republic of Moldova, Europe
Printed at: see last page
ISBN: 978-620-5-66712-5

Conteúdos

ABSTRACT

Esta investigação examinou as Estratégias de Adaptação às Alterações Climáticas entre os produtores de painço, sorgo e milho na Área de Governo Local de Goronyo do Estado de Sokoto. Dados diários sobre precipitação e temperatura durante 30 anos (1981-2010) foram obtidos da Autoridade de Desenvolvimento da Bacia de Sokoto Rima, Goronyo e dos Serviços Meteorológicos Nigerianos, Oshodi, Lagos. Foram derivados os dados relativos ao início, cessação, duração da estação chuvosa, número de dias de chuva, precipitação anual total, temperatura média máxima e mínima, (parâmetros muito cruciais para o crescimento e desenvolvimento das plantas). A análise estatística mostrou uma tendência crescente nas datas de início. A data média de início é 11th de Maio, enquanto a data média de cessação é 7th de Outubro. O estudo revelou uma tendência ascendente na duração da estação das chuvas. O número de dias chuvosos em Goronyo varia entre 12-30 dias por ano. O número mais elevado de dias de chuva é de 30 dias e foi registado em 1997 e 2008. Enquanto o número mais baixo de dias de chuva é de 12 dias (1994). O número médio de dias chuvosos é de 21 dias por ano. A investigação mostrou um aumento da quantidade de precipitação anual. A maior quantidade anual de precipitação foi registada em 2010 (1.496,4mm). A precipitação média anual durante o período do estudo é de 563,6mm. O estudo também revelou uma tendência de temperatura flutuante com um aumento de cerca de um grau Celsius (1^0 C). A temperatura máxima mais elevada nos 30 anos do estudo é de $38,9^O$ C (1997), enquanto a temperatura máxima mais baixa foi de 32,4 (2003). A temperatura média é de $35,4^O$ C. Um total de 382 agricultores de cereais foram propositadamente amostrados usando o método de Krejcie e Morgan (1970) das 11 enfermarias e o questionário administrado. A percepção dos agricultores sobre as questões das alterações climáticas está em conformidade com os registos de dados climáticos. Foi revelado que o painço é a cultura de grão mais cultivada na área de estudo porque requer poucos esforços de cultivo, melhor adaptado a solos secos inférteis, alta temperatura, baixa precipitação e fraca capacidade de retenção de água do que o sorgo e o milho. Para fazer face às alterações climáticas, os produtores de cereais na área do estudo adoptaram a rotação de culturas, culturas mistas, utilização de variedades melhoradas de sementes, mudança de culturas, intensificação da irrigação, utilização de estrume orgânico e inorgânico e acesso a empréstimos de crédito. O estudo conclui que as características climáticas da área de estudo afectam a produção de cereais e que as estratégias de adaptação têm uma contribuição significativa para a produção de cereais na área de estudo. Com base nos resultados da investigação, o estudo recomenda que os agricultores de cereais adoptem estratégias de adaptação viáveis às alterações climáticas, de modo a maximizar as terras disponíveis e as condições climáticas que favorecem o seu cultivo. Os agricultores de cereais devem concentrar-se mais no cultivo de painço, uma vez que o total anual de chuvas favorece o seu cultivo; as políticas governamentais devem assegurar que os agricultores tenham acesso a fertilizantes químicos e empréstimos de crédito acessíveis para aumentar a sua capacidade e flexibilidade para alterar as estratégias de produção em resposta às condições climáticas previstas.

CAPÍTULO 1

INTRODUÇÃO

1.1 Antecedentes do Estudo

O clima global tem vindo a aquecer a um ritmo sem precedentes desde os últimos 1000 anos (IPCC, 2001). Este fenómeno está, portanto, a alterar inevitavelmente o carácter do clima local e regional em todo o mundo. IPCC (2007) Quarto Relatório de Avaliação (AR4) deu a definição mais aceitável de mudança climática, que afirma que "a mudança climática é uma mudança no estado do clima que pode ser identificada (por exemplo, utilizando testes estatísticos) por alterações na média e/ou na variabilidade das suas propriedades, que persiste durante um período prolongado, tipicamente décadas ou mais". As alterações climáticas, no sentido mais geral - abrangem todas as formas de inconstância climática (ou seja, quaisquer diferenças entre as estatísticas "a longo prazo" dos elementos meteorológicos calculadas para períodos diferentes mas relativas à mesma área), independentemente da sua natureza estatística ou causa física (Maunder, 1994). As alterações climáticas implicam um novo estado climático médio ou normal climático (Ayoade, 2003). A mudança climática é diferente dos termos geralmente conhecidos como flutuações climáticas ou variabilidade climática. A flutuação ou variabilidade climática refere-se a variações no estado médio e outras estatísticas (tais como desvios padrão, ocorrência de extremos, etc.) do clima em todas as escalas espaciais e temporais para além das dos eventos meteorológicos individuais. Tal como as alterações climáticas, a variabilidade pode ser devida a; processos internos naturais dentro do sistema climático (variabilidade interna), ou variações nas forças externas naturais ou antropogénicas (variabilidade externa). As coisas mais cruciais sobre o conceito de mudança climática não são apenas os períodos de tempo envolvidos, mas também o grau de variabilidade a que a mudança está sujeita, bem como a duração e o impacto de tal variabilidade no homem e no ecossistema. As sociedades têm um longo historial de gestão dos impactos do tempo e dos eventos relacionados com o clima. Existe uma vasta gama de opções de adaptação, mas é necessária uma adaptação mais extensa do que a que está actualmente a ocorrer para reduzir a vulnerabilidade às alterações climáticas no futuro. A adaptação é necessária a curto e longo prazo para enfrentar os impactos resultantes do aquecimento que ocorreria mesmo para os cenários de estabilização mais baixos. Para que as nações em desenvolvimento como a Nigéria sobrevivam aos efeitos das alterações climáticas, são necessárias medidas de adaptação sérias.

O IPCC (2007) define adaptação como a "adaptação em sistemas naturais ou humanos a um ambiente novo ou em mudança". É o ajustamento em sistemas naturais ou humanos em resposta a estímulos climáticos reais ou esperados ou aos seus efeitos, que modera os danos ou explora oportunidades benéficas. A adaptação às alterações climáticas é um processo através do qual as pessoas reduzem os efeitos adversos do clima na sua saúde e bem-estar e aproveitam as oportunidades que o ambiente lhes proporciona (Saka, 2008). Podem distinguir-se vários tipos de adaptação, incluindo a adaptação antecipatória e reactiva, a adaptação privada e pública, e as adaptações autónomas e planeadas".

Do mesmo modo, Mitchell e Tanner (2006) definiram a adaptação como "uma compreensão de como os indivíduos, grupos e sistemas naturais podem ser preparados e responder a mudanças no clima ou no seu ambiente". De acordo com eles, "é crucial para reduzir a vulnerabilidade às alterações climáticas".

As alterações climáticas tornaram-se a principal ameaça ambiental do século XXI. Está agora na agenda política global como nunca antes. Os esforços para alcançar uma abordagem global comum para enfrentar as
alterações climáticas culminaram na Conferência de Copenhaga de Dezembro de 2009 e na formulação de
um Acordo sobre Alterações Climáticas global legalmente não licitável (Acordo de Copenhaga). A preocupação actual
baseia-se numa série de análises científicas recentes que sugerem que os potenciais efeitos
das alterações climáticas estão a uma escala que acrescenta urgência não só aos esforços para evitar mudanças adicionais, mas igualmente importantes, os esforços de adaptação aos impactos já ocorridos. A ciência sugere que os seus efeitos se encontram a uma escala que acrescenta urgência não só aos esforços para evitar mudanças adicionais, mas igualmente importante, os esforços de adaptação aos impactos já ocorridos. As análises científicas tendem para um consenso geral de que a Terra está

actualmente a seguir os piores cenários de impacto delineados no Quarto Relatório de Avaliação do Painel Intergovernamental sobre Alterações Climáticas (IPCC Glossário, 2010), que apresentou o estado da arte sobre a ciência das alterações climáticas e forneceu novos conhecimentos sobre a vasta gama de respostas adaptativas disponíveis para responder às alterações climáticas, desde as tecnológicas, passando pelas comportamentais, até às gerenciais, e às respostas políticas, Building Nigeria's Response to Climate Change (BNRCC, 2011).

A resposta às alterações climáticas divide-se em duas grandes classes de acção, a atenuação e a adaptação. A mitigação das alterações climáticas induzidas pelo homem refere-se a medidas que podem ou reduzir o aumento das emissões com efeito de estufa (redução) ou aumentar o armazenamento terrestre de carbono (sequestro). Embora a Nigéria, tal como outros países em desenvolvimento, não seja obrigada, no âmbito das actuais negociações globais sobre alterações climáticas, a assumir compromissos de redução de emissões, tem no entanto de se adaptar aos impactos esperados das alterações climáticas previstas. A adaptação refere-se a todas as respostas às alterações climáticas que podem ser utilizadas para reduzir a vulnerabilidade. A resposta às alterações climáticas através de iniciativas de adaptação exigirá que a Nigéria se empenhe num esforço concertado, a curto e longo prazo, para procurar oportunidades e conceber acções para reduzir a vulnerabilidade da população aos impactos das alterações climáticas. A Nigéria precisa de explorar uma série de oportunidades que existem para construir uma sociedade resistente ao clima, capaz de resistir ou recuperar rapidamente de condições difíceis causadas pelos efeitos adversos das alterações climáticas, incluindo riscos e desastres relacionados com o clima, reforçando a sua capacidade de reacção ou adaptação (BNRCC, 2011).

As alterações climáticas podem ser devidas a alterações naturais ou a alterações químicas persistentes na composição da atmosfera ou na utilização do solo. As alterações climáticas são o produto final de um clima em mudança. Diz-se que as alterações climáticas existem quando o nível de desvio climático em relação ao normal é muito significativo durante um longo período de tempo (de preferência séculos) e tais desvios têm impactos claros e permanentes sobre o ecossistema (Odjugo, 2009). As alterações climáticas têm sido amplamente investigadas e a esmagadora maioria dos cientistas climáticos concorda que o aquecimento global observado nos dias de hoje não tem precedentes e é muito provavelmente causado pelo homem (Scott, 2010).

As causas das alterações climáticas são tanto naturais como antropogénicas. Investigadores (Buba, 2004; Porbeni, 2004; DeWeerdt, 2007 e Odjugo, 2007) têm demonstrado que nas últimas décadas, factores antropogénicos como a urbanização, desflorestação, explosão demográfica, industrialização e libertação de gases com efeito de estufa são os principais factores que contribuem para o empobrecimento da camada de ozono e para o aquecimento global e alterações climáticas associadas. O homem está no centro das alterações climáticas através de actividades que aumentam a quantidade de gases com efeito de estufa na atmosfera (Akpodiogaga e Odjugo, 2010).

Tem havido uma consciência crescente de que o clima da Terra está a mudar a um ritmo alarmante. O Quarto Relatório de Avaliação do Painel Intergovernamental sobre as Alterações Climáticas (IPCC) afirma que as alterações climáticas já não estão em dúvida (IPCC, 2007). Embora tenha ocorrido um clima extremamente violento ao longo da história, o recente aumento dos riscos relacionados com o clima está a confirmar o argumento do aquecimento global e das alterações climáticas (McGuire *e* Macon 2002; Odjugo e Ikhuoria, 2003; Nwafor, 2006). A evolução da mudança climática aliada ao aumento da temperatura tem sido observada para mergulhar em algumas localidades. O IPCC (2001*)* projectou que a mudança climática resultante do aumento das concentrações de gases com efeito de estufa tem o potencial de prejudicar sociedades e ecossistemas, agricultura e silvicultura, recursos hídricos, etc.

Aumento da temperatura, aumento da evapotranspiração, diminuição da quantidade de chuva nos interiores continentais, aumento da pluviosidade nas zonas costeiras, aumento da perturbação dos padrões climáticos e aumento da frequência e intensidade de eventos climáticos incomuns ou extremos, tais como; trovoadas, relâmpagos, deslizamentos de terras, inundações, secas, incêndios florestais, padrões de precipitação imprevisíveis, subida do nível do mar, aumento da desertificação e degradação da terra, secagem de rios e lagos e constante perda de cobertura florestal e biodiversidade são indicadores que poderiam ser utilizados para avaliar os indícios de alterações climáticas numa região (Ahmad e Ahmed (2000).

A agricultura é talvez a mais sensível às questões relacionadas com as alterações climáticas de todas as actividades económicas humanas. As mudanças no clima do mundo irão trazer grandes mudanças na produção de alimentos. Apesar do recente desenvolvimento tecnológico e científico, o clima continua a ser uma variável chave na produção agrícola. O tempo e o clima afectam a agricultura e determinam a adequação do abastecimento alimentar. O clima determina se a agricultura de sequeiro será ou não cultivada com sucesso numa determinada área. Todas as fases da produção agrícola, desde a limpeza e preparação da terra, passando pelo crescimento e gestão das culturas até à colheita, armazenamento, transporte e comercialização de produtos agrícolas, estão sujeitas à influência do tempo e do clima. O tempo e o clima actuam tanto como um recurso como um constrangimento à produção agrícola. O valor de recurso do tempo tem de ser optimizado enquanto os perigos colocados pelo tempo têm de ser geridos (Ayoade, 2002).

Muitos pressupostos não testados estão por detrás dos esforços para projectar a potencial influência do aquecimento global nas culturas. Para além da magnitude e ritmo da mudança, a fase de crescimento durante a qual uma cultura é exposta à seca ou ao calor é importante. Quando uma cultura está a florir ou a frutificar, é extremamente sensível às mudanças de temperatura e humidade; mas mais tolerante durante outras fases do crescimento. Além disso, a temperatura e os padrões de precipitação sazonais variam de ano para ano e de região para região, independentemente das tendências climáticas a longo prazo. As alterações de temperatura e pluviosidade induzidas pelas alterações climáticas irão provavelmente interagir com gases atmosféricos, fertilizantes, insectos, agentes patogénicos das plantas, ervas daninhas, e matéria orgânica do solo para produzir respostas imprevistas.

De acordo com a USAID (2007) "As alterações climáticas têm os seguintes impactos na agricultura:

1. Aumento dos rendimentos em ambientes mais frios; diminuição dos rendimentos em ambientes mais quentes; aumento dos surtos de insectos.

2. Danos às culturas; erosão do solo, incapacidade de cultivar terra devido ao corte de água dos solos.

3. Degradação da terra, menores rendimentos / danos e falhas nas colheitas; aumento da mortalidade do gado; aumento do risco de incêndios florestais.

4. Salinização da água de irrigação, estuários e sistemas de água doce.

A agricultura é um sector muito importante em toda a África Subsaariana em termos de subsistência, contribuição para o Produto Interno Bruto (PIB), emprego e rendimentos em divisas (Diao, 2006). É do conhecimento geral que os agricultores da África Subsaariana, incluindo a Nigéria, estão a lutar para enfrentar a actual variabilidade climática. Prevê-se que o declínio da produção agrícola na África Subsaariana poderia deixar centenas de milhões sem capacidade de produzir ou comprar alimentos suficientes (Chakeredza *et al* 2009).

As sociedades têm um longo historial de gestão dos impactos do tempo e dos eventos relacionados com o clima. As estratégias de adaptação são cruciais para reduzir a vulnerabilidade às alterações climáticas. Os factores climáticos afectam a agricultura e determinam a adequação do abastecimento alimentar (Ayoade, 2004); daí a necessidade de estratégias adaptativas.

1.2 Declaração do problema da investigação

O impacto das alterações climáticas na produção agrícola da Nigéria tem recebido pouca atenção, apesar de mais de 60% dos nigerianos serem agricultores. De acordo com o Ministério Federal do Ambiente (2003), estudos demonstraram que as alterações climáticas relacionadas com a produção agrícola na Nigéria são mais análises gerais dos potenciais impactos das alterações climáticas na produção de culturas, segurança alimentar e criação de animais. Com a continuação das alterações climáticas adversas, haverá, portanto, uma diminuição da produção alimentar (Odjugo, 2001, NEST, 2003, Adejuwon, 2006, Jagtap, 2007.

Odjugo (2008) mostrou que as alterações climáticas levaram a uma mudança nas culturas cultivadas no norte da Nigéria. Ahmed (1978) e Odjugo (2008) revelaram que, tal como em 1978, as culturas preferidas pelos agricultores eram o milho-da-índia, seguido do milho amendoim e do milho, mas devido ao aumento da temperatura e à diminuição da quantidade e duração das chuvas ocasionadas pelas alterações climáticas, os agricultores, como meio de adaptação, em 2007 mudaram para a produção de painço seguido do milho e do feijão. A invasão do deserto com as suas dunas de areia associadas está a privar os agricultores das suas terras agrícolas e das terras de pastagem. Além disso, as frequentes secas e chuvas menores começaram a encurtar a época de crescimento, causando assim o fracasso das culturas e a escassez de alimentos. Foi demonstrado que a seca e a invasão do deserto começaram a afectar o ecossistema do país levando a uma desestabilização ecológica devido ao impacto das alterações climáticas na região semi-árida do Norte da Nigéria (Odjugo e Ikhuoria 2003; Ayuba *et al.* 2007).

Odjugo, 2010b, no seu estudo "Shift in crops production as a means of adaptation to climate change in the semi-arid region of Nigeria" observou que: como meio de adaptação, os agricultores tiveram de ajustar a sua escolha de culturas produzidas para se adaptarem às condições climáticas predominantes ocasionadas pelas
alterações climáticas. Isto levou-os a passar do cultivo de milho-da-índia como a sua melhor cultura para o milho painço, seguido do milho. Afirmou ainda que, "o milho da Guiné que era a sua cultura favorita há 33 anos atrás ocupava agora a sétima posição. O aumento da temperatura e a diminuição dos dias de chuva observados no norte da Nigéria é uma indicação de que a época de cultivo está a tornar-se mais curta". Segundo Odjugo e Ikhuria 2003; Adefolallu, 2007: o aumento da temperatura e a diminuição da precipitação na região semi-árida de Sokoto, Katsina, Kano, etc. pode ter resultado no aumento da evapotranspiração, seca e desertificação que tem grandes efeitos na produção de culturas na Nigéria. Ogunwole e Owonubi (1998) no seu estudo: "Climate variables and Potential productivity of irrigated agriculture in Nigeria" declararam que o elevado potencial de produção de sorgo (uma cultura de grãos) não foi realizado devido a uma série de razões, uma das quais é a alteração global do clima que resultou na falta de fiabilidade do início e distribuição da chuva, aumento da temperatura global e consequente aumento da evapotranspiração.

Embora os agricultores de cereais tenham o potencial para aumentar a produção de cereais na parte norte da Nigéria (particularmente em Sokoto), não obstante o impacto das alterações climáticas, particularmente na área do governo local de Goronyo, não foram realizados muitos estudos no sentido de destacar as estratégias adaptativas dos agricultores nesta área.

Alguns estudos analisaram o efeito das alterações climáticas na agricultura (Odjugo, 2010c). Estes estudos centraram-se mais na forma como as alterações climáticas afectaram o rendimento das culturas e a mudança na produção de culturas como meio de adaptação às alterações climáticas na região semi-árida da Nigéria. Aparentemente, não existe nenhum estudo aprofundado no que diz respeito a estratégias de adaptação entre os agricultores de cereais em Goronyo, à excepção do "Shift in crops production as a means of adaptation to climate change in the semi-arid regions of Nigeria", por Odjugo, 2010b.

medida que o clima muda, os agricultores tentarão adaptar-se não só alterando o tipo de culturas que cultivam, mas também alterando as suas técnicas de gestão para cultivar algumas das culturas a que estão habituados economicamente. Segundo a USAID (2007), existem numerosas estratégias de adaptação que os agricultores poderiam adoptar como forma de lidar com as alterações climáticas, daí a razão deste estudo:

Estratégias de adaptação às alterações climáticas entre os produtores de cereais da área do governo local de Goronyo. Assim, a forma como os agricultores de cereais estão a lidar com os efeitos das alterações climáticas na área do Governo Local de Goronyo do estado de Sokoto é o foco principal desta investigação.

É tendo em conta os factos acima referidos que se verificou uma escassez de alterações climáticas: estratégias de adaptação entre os agricultores indígenas em Goronyo Área de governo local do estado de Sokoto.

1.3 Finalidade e Objectivos do Estudo

O objectivo desta investigação é examinar as estratégias de adaptação às alterações climáticas entre os agricultores de cereais da área de governo local de Goronyo, no estado de Sokoto.

O objectivo acima referido foi alcançado através dos seguintes objectivos, a

i. Caracterizar o clima da área de estudo. Ou seja, para mostrar a precipitação (início, datas de cessação, duração da estação chuvosa, número de dias de chuva no ano e precipitação média anual) e o padrão de temperatura da área de estudo;

ii. Avaliar a sensibilização dos agricultores de cereais para as questões das alterações climáticas.

iii. Determinar as medidas de adaptação adoptadas pelos produtores de cereais.

1.4 Âmbito e Delimitação do Estudo

O âmbito espacial deste estudo é as onze alas da Área de Governo Local de Goronyo.

O âmbito do estudo em termos de conteúdo é descobrir as estratégias de adaptação às alterações climáticas entre os agricultores de cereais da área do Governo Local de Goronyo do estado de Sokoto. Os grãos seleccionados são sorgo, painço e milho. O estudo cobre um período de trinta anos, de 1981 a 2010. A precipitação e a variabilidade da temperatura e como esta afecta o uso do solo agrícola são os principais indicadores da alteração climática do estudo.

1.5 Significado do Estudo

Embora haja uma série de estudos sobre as mudanças na produção agrícola como meio de adaptação às alterações climáticas nas zonas semi-áridas da Nigéria. Não foram realizados estudos para avaliar as estratégias de adaptação às alterações climáticas entre os agricultores de cereais de Goronyo. Assim, espera-se que os resultados desta investigação constituam políticas e planeamento de desenvolvimento adequados que se concentrem na sensibilização para os perigos das alterações climáticas e na preparação necessária para as reduzir.

As pesquisas nesta área são escassas, especialmente na área do governo local de Goronyo, no estado de Sokoto. Informações úteis sobre as estratégias adaptativas dos agricultores de cereais em Goronyo são muito importantes e tornam este estudo relevante para potenciais agricultores de cereais no governo local e noutras partes do país, institutos de investigação e para estudos adicionais, etc.

Mais ainda, os resultados e recomendações desta investigação contribuirão em muito para ajudar os agricultores nigerianos a compreender como responder à actual mudança climática. Espera-se também que este trabalho de investigação constitua uma fonte inestimável de dados para futuras referências. Poderá também ajudar a fornecer os princípios fundamentais da agroclimatologia para ajudar os agricultores a ter um conhecimento mais profundo das formas como o clima tem impacto na produção agrícola e como podem maximizar a produção agrícola através de uma gestão sensata dos recursos climáticos e dos riscos climáticos no seu ambiente na área de estudo e na Nigéria como um todo através das estratégias adaptativas recomendadas no final do estudo.

CAPÍTULO 2

REVISÃO LITERATIVA

2.1 Introdução

Este capítulo passou em revista literaturas relacionadas com as alterações climáticas: o seu significado, causas, evidências, impactos e estratégias de adaptação agrícola dos agricultores para lidar com as produções agrícolas, entre outros. Literaturas como livros, revistas; actas de conferências publicadas e não publicadas, etc., foram meticulosamente seleccionadas, revistas e devidamente referenciadas.

2.2 Alterações Climáticas: Conceito e Realidades

O clima é definido como "as características globais a longo prazo do clima vivido num local. É considerado como um resumo a longo prazo das condições meteorológicas, tendo em conta as condições médias, bem como a variabilidade destas condições (Yekken, 2011). Um clima regional faz parte da sua base de recursos. Tem uma utilidade tremenda para o homem. Está também ligado a outros recursos e afecta a avaliação de tais recursos.

O tempo é o estado da atmosfera num momento específico, num lugar específico. Temperatura, nebulosidade, humidade, precipitação, e ventos são exemplos de elementos meteorológicos. Tempestades, tornados e monções também fazem parte do clima de alguns lugares durante algumas estações. O clima é definido como padrões climáticos a longo prazo que descrevem uma região.

2.2.1 Sistema Climático Global

A chave para compreender as alterações climáticas globais é primeiro compreender o que é o sistema climático global, e como funciona. À escala planetária, o clima global é regulado pela quantidade de energia que a Terra recebe do Sol. No entanto, o clima global é também afectado por outros fluxos de energia que ocorrem dentro do próprio sistema climático. Este sistema climático global é constituído pela atmosfera, os oceanos, as camadas de gelo (criosfera), os organismos vivos (biosfera) e os solos, sedimentos e rochas (geosfera), que afectam, em maior ou menor grau, o movimento do calor em torno da superfície da Terra. A atmosfera, porém, não funciona como um sistema isolado. Os fluxos de energia ocorrem entre a atmosfera e as outras partes do sistema climático, mais significativamente os oceanos do mundo (Odjugo 2011). O significado dos oceanos é que armazenam uma quantidade de calor muito maior do que a atmosfera. Os 200 metros de topo dos oceanos do mundo armazenam 30 vezes mais calor do que a atmosfera. O sistema climático da Terra responde a mudanças não só na atmosfera, mas também nos oceanos e nos lençóis de gelo, e durante longos períodos de tempo, a movimentos da crosta terrestre e mesmo a evolução da própria vida. Uma mudança drástica nos sistemas climáticos devido a forças naturais ou a actividades humanas insustentáveis resulta em alterações climáticas. Esta última é considerada como a causa básica das alterações climáticas em curso e os países avançados são os mais responsáveis (DeWeerdt, 2007). O IPCC (2007) mostra que os dados climáticos observados dos países desenvolvidos revelam mudanças significativas em muitos sistemas físicos e biológicos em resposta ao aquecimento global, mas existe uma notável falta de equilíbrio geográfico nos dados e literatura sobre as mudanças observadas com marcada escassez nos países em desenvolvimento.

2.2.2 O Conceito de Alterações Climáticas

Segundo Desai (2007), "os recursos ambientais como a biodiversidade ou a química delicadamente equilibrada da atmosfera são recursos críticos para a manutenção da vida na terra". A atmosfera reflecte perfeitamente o clima e, juntamente com o oceano e a superfície terrestre, substitui "o sistema climático global". A um nível muito liberal, uma mudança no clima irá instalar-se quando estas condições médias conhecidas não se verificarem novamente. A Estratégia Internacional para a Redução de Desastres (EIRD 2008) vê a mudança climática como "uma mudança no estado do clima que pode ser identificada por mudanças na média e ou na variabilidade das suas propriedades, e persiste por um período prolongado, tipicamente décadas ou mais". Segundo o IPCC (2001) "A mudança climática é uma variação estatisticamente significativa e persistente (décadas ou mais) no estado médio ou na variabilidade do clima". De acordo com Akpodiogaga e Odjugo (2010), as alterações climáticas levam geralmente um longo período de tempo de pelo menos 150 anos com impactos claros e permanentes no ecossistema.

De acordo com a Convenção-Quadro das Nações Unidas sobre Alterações Climáticas (em ISDR,

2008), as alterações climáticas são aquelas que podem ser atribuídas "directa ou indirectamente à actividade humana que altera a composição da atmosfera global e que se adiciona à variabilidade climática natural observada ao longo de períodos de tempo comparáveis". Há também uma dimensão subjectiva na definição de alterações climáticas; uma definição que recai sobre as pessoas que utilizam as suas experiências e percepção. Isto torna-se relevante na comunicação da mudança climática e na obtenção de apoio para o processo de adaptação da comunidade. Como salientado por Rahmstort, *et al* (2009), "se este aquecimento constitui uma mudança perigosa não pode ser determinado apenas pelos cientistas, uma vez que tal avaliação depende de juízos societais sobre o que é perigoso". Assim, é seguro dizer que a mudança climática é um desvio significativo durante um longo período de condições climáticas que as pessoas conhecem ou experimentam como normal. Assim, uma anomalia climática sustentada durante um longo período de tempo constituirá uma alteração climática.

2.2.3 Variabilidade Climática e Alterações Climáticas

A variabilidade climática refere-se a variações no estado prevalecente do clima em todas as escalas temporais e espaciais para além das dos eventos meteorológicos individuais. A variabilidade pode ser devida a processos internos naturais dentro do sistema climático, ou a variações na forçagem externa natural ou antropogénica (impulsionada pelo homem). A mudança climática global indica uma mudança quer no estado médio do clima quer na sua variabilidade, persistindo durante várias décadas ou mais. Isto inclui mudanças nas condições meteorológicas médias da Terra, tais como uma mudança na temperatura média global, bem como mudanças na frequência com que as regiões experimentam ondas de calor, secas, inundações, tempestades, e outras condições meteorológicas extremas. É importante notar que as mudanças em eventos meteorológicos individuais contribuirão potencialmente substancialmente para as mudanças na variabilidade climática. As alterações climáticas poderão ocorrer naturalmente como resultado de uma mudança na energia solar ou no ciclo orbital da Terra (forçamento do clima natural), ou poderão ocorrer como resultado de um forçamento antropogénico persistente, tal como a adição de gases com efeito de estufa, aerossóis de sulfato, ou carbono negro à atmosfera, ou através da alteração do uso do solo.

A variabilidade climática é uma alteração do clima efectuada por factores naturais em oposição à alteração climática que está associada ao impacto das actividades humanas. Os processos naturais que afectam a variabilidade climática são definidos como factores astronómicos (mudanças na excentricidade da órbita terrestre, mudanças na obliquidade do plano da eclíptica e mudanças na procissão orbital) e factores extraterrestres (quantidade e qualidade da radiação solar), (Akpodiogaga e Odjugo, 2010).

Da distinção entre variabilidade climática e mudança climática, é evidente que a mudança climática é rastreável a factores antropogénicos. O homem está no centro da mudança climática através de actividades que aumentam a quantidade de gases com efeito de estufa na atmosfera (Akpodiogaga e Odjugo, 2010).

2.3 Causas das alterações climáticas

As alterações climáticas são causadas por dois factores básicos, nomeadamente os processos naturais (biogeográficos) e as actividades humanas (antropogénicas). Os processos naturais são os factores astronómicos e extraterrestres. Os factores astronómicos são a excentricidade da órbita terrestre, a obliquidade da procissão eclíptica e orbital. Os factores extraterrestres incluem a quantidade e qualidade da radiação solar (mancha solar) (alteração da radiação ultravioleta). Uma elevada qualidade e quantidade solar e período de periélio (quando a terra está mais próxima do sol), resulta no aquecimento da superfície terrestre que conduz ao aquecimento global. A radiação incidente sobre a terra durante o periélio (quando a terra está mais afastada do sol) é sempre baixa e se esta se combinar com a baixa qualidade e quantidade solar, o arrefecimento global é experimentado. As erupções vulcânicas também conduzem ao aquecimento global e ao arrefecimento. Através de erupções vulcânicas, são emitidos para a atmosfera muitos gases, vapores e partículas em suspensão. Tais emissões influenciam a química atmosférica, criando assim arrefecimento a curto - prazo e aquecimento da atmosfera a longo prazo. Exemplos proeminentes de tais erupções de grande magnitude foram a erupção de Krakatoa em 1883, o Monte Agung em 1963 e o Monte Pinatubo em

1992.

Investigadores (Buba, 2004; Porbeni, 2004; DeWeerdt, 2007 e Odjugo, 2007) têm demonstrado que nas últimas décadas, factores antropogénicos como transporte, industrialização, urbanização, queima de combustíveis fósseis, agricultura, poluição da água, alterações na cobertura terrestre e desflorestação, entre outros, são os principais factores que contribuem para o empobrecimento da camada de ozono e para o aquecimento global e alterações climáticas associadas. O homem está no centro das alterações climáticas através de actividades que aumentam a quantidade de gases com efeito de estufa na atmosfera (Akpodiogaga e Odjugo, 2010). Enquanto alguns destes factores (industrialização, transporte, queima de combustíveis fósseis, etc.) emitem gases com efeito de estufa (GEE) para a atmosfera, outros, como a desflorestação e a poluição da água, reduzem a taxa de sumidouro de carbono, aumentando assim a concentração de GEE na atmosfera (Fig. 2.1). Os gases com efeito de estufa concentrados na atmosfera têm duas implicações básicas. Não só esgotam a camada de ozono, permitindo assim mais radiação solar na superfície terrestre, como também retêm o calor que sai da superfície terrestre (Odjugo 2011). A figura 2.1 ilustra as interacções entre os vários componentes do sistema climático da Terra.

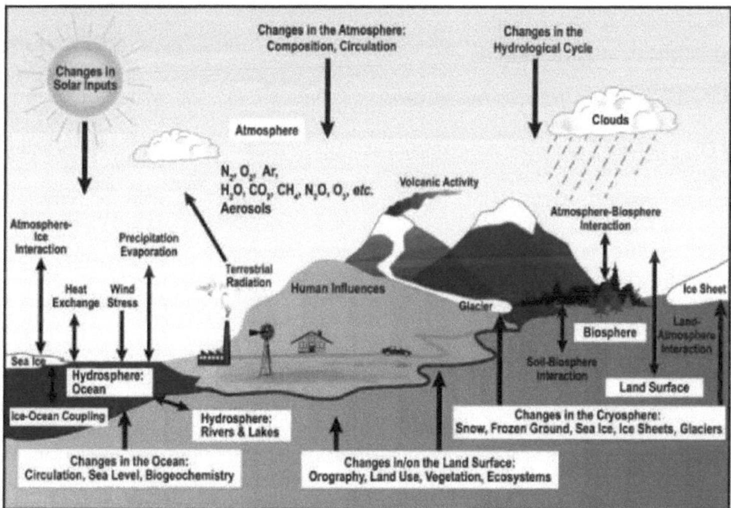

Figura 2.1: Interacção entre os vários componentes do sistema climático do planeta. Fonte; (IPCC 2007).

Os gases com efeito de estufa (GEE) incluem dióxido de carbono (CO2), metano (CH4), óxido nitroso (N2O), hidrofluorocarbonos (HFC), perfluorocarbonos (PFC), clorofluorocarbonos (CFC) e sulfo-hexafluoreto (SF6). As emissões globais de GEE devidas às actividades humanas aumentaram desde a época pré-industrial, com o aumento de 70% entre 1970 e 2004. É óbvio que o CO2 é o contribuinte mais importante para o GEE. Contribuiu com 76,7% do GHG. As suas emissões anuais cresceram cerca de 80% entre 1970 e 2004. Ao lado do CO2 encontra-se o metano (CH4) que contribuiu com 14,3% dos GEE para a atmosfera. A fonte natural (decomposição dos pântanos) contribuiu com 38% para o CH4 atmosférico seguido de combustível fóssil (17%), animais (17%), arroz (10%) e aterro sanitário (8%). O óxido nitroso (N2O) contribuiu com 7,9% dos GEE e a sua contribuição actual é de 319 ppbv. Os gases F (HFC, PFC, CFC, e SF6) em conjunto contribuíram com 1,1% em 2004. Há um elevado nível de acordo e muitas provas que demonstram que, com as actuais políticas de mitigação das alterações climáticas e práticas de desenvolvimento sustentável relacionadas, as emissões globais de GEE continuarão a crescer nas próximas décadas. (IPCC, 2007) projecta um aumento das emissões globais de GEE de 25% a 90% entre o ano 2000 e 2030, com os combustíveis fósseis a manterem a sua posição dominante no cabaz energético global até 2030 e para além desta data.

As nações desenvolvidas emitem mais gases com efeito de estufa. Embora sejam responsáveis por mais de 75% das emissões totais, as nações em desenvolvimento são responsáveis por menos de 25%. As indústrias, a poluição da água e as produções agrícolas em grande medida e os fumos dos veículos em menor grau são as principais fontes de emissões de gases com efeito de estufa no mundo desenvolvido. A Nigéria, como a maioria dos países em desenvolvimento, não é uma nação industrializada, pelo que os automóveis são as principais fontes de poluição atmosférica nas áreas urbanas. Isto porque a maioria dos veículos importados para o país ou são utilizados de forma justa ou antigos que emitem muitos carbonos para a atmosfera. As emissões de carbono dos motociclos são ainda piores do que as dos veículos na Nigéria. A maioria dos motociclistas comerciais na Nigéria normalmente adicionam óleo de motor à gasolina, o que automaticamente transforma a gasolina em gasolina. Embora a gasolina queime mais lentamente do que a gasolina, emite mais carbonos. Os motociclistas poupam, portanto, combustível à custa do ambiente. A falha da Power Holding Company of Nigeria (PHCN) em fornecer electricidade eficiente e eficaz fez com que a maioria dos nigerianos comprassem geradores para fornecer electricidade térmica individual, e estes não só constituem poluição sonora como também emitem muitos carbonos para a atmosfera. A queima de gás é outra fonte de emissão de GEE na Nigéria. A Nigéria é a maior nação de queima de gás do mundo. Ela queima mais de 70% do seu gás natural (Odjugo, 2005; 2007).

2. 4 Vulnerabilidade da Nigéria às Alterações Climáticas

Vulnerabilidade é susceptibilidade a danos ou potenciais danos. Considera factores tais como a capacidade de um sistema para enfrentar ou absorver o stress ou impactos e para recuperar ou recuperar. Quaisquer que sejam as medidas de resposta às alterações climáticas pretendidas por uma nação, deve haver uma capacidade adequada para as implementar. As alterações climáticas afectarão todos. Tanto os ricos como os pobres têm a perder. As pessoas já afectadas pela pobreza, subnutrição e doenças enfrentarão deslocações e novas dificuldades. Todos os sectores do nosso desenvolvimento socioeconómico, incluindo os ecossistemas naturais, são vulneráveis às alterações climáticas. Em geral, as alterações climáticas representam ameaças significativas para a realização dos Objectivos de Desenvolvimento do Milénio, especialmente as relacionadas com a eliminação da pobreza e da fome e com a promoção da sustentabilidade ambiental. As alterações climáticas aumentariam a vulnerabilidade e dificultariam ou inverteriam o processo de desenvolvimento (Oladipo 2010).

Na Nigéria, os sectores considerados mais vulneráveis às alterações climáticas são a agricultura e a segurança alimentar, os recursos hídricos, a saúde pública, a biodiversidade e o habitat (particularmente os centros urbanos ao longo da costa). As regiões vulneráveis são regiões costeiras (incluindo deltas, especialmente as afectadas por tempestades e inundações induzidas por tempestades) e zonas propensas à erosão e desertificação nas regiões do norte do país. A comunidade vulnerável inclui agricultores, pescadores (especialmente os que vivem em regiões vulneráveis), idosos, mulheres, crianças e pessoas pobres que vivem em áreas urbanas.

Espera-se que as alterações climáticas aumentem a frequência e a intensidade dos acontecimentos climáticos severos. A subida do nível do mar pode levar ao aumento da inundação costeira e inundação de zonas baixas (por exemplo, Lagos e Port-Harcourt). Infelizmente, muitos Estados da Nigéria carecem em grande medida das infra-estruturas necessárias para responder adequadamente a tais eventos. Doenças como a malária são susceptíveis de ter um alcance mais vasto, afectando mais pessoas pobres que já são mais afectadas por tais doenças (Oladipo 2010). As alterações climáticas terão impactos directos na biodiversidade - desde os ecossistemas até ao nível das espécies - e variam de região para região. Enquanto algumas espécies, como os gafanhotos ou outras pragas podem aumentar em abundância ou alcance, as alterações climáticas aumentarão os riscos existentes de extinção de muitas espécies ameaçadas ou conduzirão à perda da biodiversidade.

A alteração dos padrões pluviométricos pode devastar a agricultura alimentada pela chuva, da qual tanto da população da Nigéria depende para sobreviver. O aumento da ocorrência de secas pode levar à diminuição dos rendimentos agrícolas e à diminuição da segurança alimentar. O abastecimento de água pode também ser alterado, principalmente através de alterações na temperatura e pluviosidade (Oladipo 2010).

2. 5 Evidências das alterações climáticas na Nigéria

Nesta altura, é importante examinar as provas das alterações climáticas na Nigéria. Relatórios da literatura recente apontam para as alterações climáticas na Nigéria. Ahmad e Ahmed (2000), IPCC (2001), Nigerian Environmental Study/Action Team (NEST, 2003) e Hengeveld e Fergusson (2005) forneceram indicadores que se poderiam utilizar para avaliar as provas das alterações climáticas numa região. Estes incluem aumento da temperatura, aumento da evapotranspiração, diminuição da quantidade de chuva nos interiores continentais, aumento da precipitação nas zonas costeiras, aumento da perturbação dos padrões climáticos e aumento da frequência e intensidade de eventos climáticos incomuns ou extremos, tais como; trovoadas, relâmpagos, deslizamentos de terras, inundações, secas, incêndios florestais, padrões de precipitação imprevisíveis, subida do nível do mar, aumento da desertificação e degradação da terra, secagem de rios e lagos e perda constante da cobertura florestal e da biodiversidade.

As alterações mais significativas dizem respeito a parâmetros relacionados com a temperatura e a temperatura. Tem havido uma tendência para enfatizar as mudanças de temperatura nas latitudes temperadas e para implicar que mudanças semelhantes ocorrerão nas áreas tropicais. Dados alguns dos cenários de emissão, podem esperar-se alterações nas temperaturas mínimas e máximas da ordem dos 7°C ou mais em certas partes do país. Isto é susceptível de criar um mundo significativamente diferente com implicações na vulnerabilidade e capacidade adaptativa. Os impactos de tais mudanças serão sentidos em múltiplos sectores, incluindo: saúde, água, biodiversidade, agricultura e silvicultura. Um aumento de 1,7°C na temperatura do ar tem sido observado na Nigéria ao longo de 105 anos. A implicação é que se o aumento continuar a este ritmo, até 2100, a Nigéria cairá no cenário de baixo ou médio aquecimento global de não menos de 2,5°C. Se continuar às taxas de 1971-2005, a Nigéria será então colocada entre as áreas que irão experimentar um cenário elevado de 2,5 - 4,5°C (Ministério Federal do Ambiente, 2003).

Outro indicador é a frequência e intensidade crescentes de eventos climáticos incomuns ou extremos, tais como padrões de precipitação erráticos, inundações e subida do nível do mar, entre outros. Embora estes indicadores estejam fora do âmbito deste estudo, pesquisas recentes (Odjugo, 2005; 2009; Molega, 2006; Nnodu *et al.* 2007, Umoh, 2007) confirmam a sua existência na Nigéria.

Outro apoio à evidência das alterações climáticas na Nigéria por Odjugo (2005; 2009) é o aumento da quantidade de precipitação nas zonas costeiras desde os anos 70, e um declínio constante na quantidade e duração da precipitação no interior continental da região semi-árida da Nigéria. O aumento da precipitação nas cidades costeiras pode ter sido parcialmente responsável pelo aumento das inundações que devastam as cidades costeiras de Warri, Lagos, Port Harcourt e Calabar, como observado por (Ogundebi, 2004; Ikhile 2007; Nwafor, 2007; Umoh, 2007; Odjugo, 2010). O aumento da temperatura e a diminuição da precipitação na região semi-árida do Norte da Nigéria - Sokoto, Katsina, Kano, Nguru e Maiduguri podem ter resultado no aumento da evapotranspiração, seca e desertificação na região, tal como relatado por (Odjugo e Ikhuoria 2003 e Adefolalu, 2007). A constante perda de cobertura florestal e de biodiversidade na Nigéria está ligada ao aquecimento global e às alterações climáticas (NEST, 2003; Ayuba *et al.*, 2007).

O aumento da temperatura e a diminuição da precipitação têm levado a frequentes secas e desertificação. Observa-se que o deserto do Saara está a expandir-se para todas as direcções tentando engolir a região Sahelliana de África com uma expansão anual de 1-10 km (Odjugo e Ikhuoria, 2003; Yaqub. 2007). Odjugo e Ikhuoria (2003) observam também que a Nigéria a norte de 12^0 N está sob grave ameaça de invasão do deserto e as dunas de areia são agora características comuns de desertificação em estados como Yobe, Borno, Sokoto, Jigawa e Katsina. As dunas de areia migratórias enterraram grande extensão de terras aráveis, reduzindo assim terras agrícolas viáveis e a produção de culturas. Isto provocou uma emigração maciça e a reinstalação de pessoas em áreas menos ameaçadas pela desertificação. Esta emigração dá origem a efeitos sociais como a perda de dignidade e valores sociais. Resulta frequentemente em crescente vaga de confrontos comunitários entre pastores e agricultores e tais confrontos resultaram na morte de 186 pessoas em seis estados do norte da Nigéria entre 1998 e 2006 (Yugunda, 2002; Yaqub, 2007). Akonga (2001) mostra também que a maioria dos indigentes que emigraram em resultado da seca e desertificação deslocam-se geralmente para áreas urbanas próximas para pedir esmolas, agravando assim os já tensos problemas de urbanização.

Na Nigéria, muitos rios têm sido relatados como tendo secado ou estando a tornar-se mais sazonais, enquanto o Lago Chade tem diminuído de 22.902 km2 em 1963 para apenas 1304 km2 em 2000. Isto mostra que o que resta do Lago Chade no ano 2000 é apenas 5,7% de 1963 (Odjugo, 2007). Acordado, (2009) confirma também o facto de que o Lago Chade diminuiu 95% desde os anos 60. O Lago Chade e tantos rios na Nigéria, especialmente no Norte da Nigéria, estão em perigo de desaparecer. A escassez de água irá criar a tendência para a concentração dos utilizadores em torno das restantes fontes de água limitadas. Em tais circunstâncias, existe uma maior possibilidade de contaminação adicional das limitadas fontes de água e transmissão de doenças transmitidas pela água como a cólera, febre tifóide, infecção por vermes da Guiné e cegueira dos rios.

As provas disponíveis mostram também que as alterações climáticas tiveram impacto na agricultura e saúde na Nigéria (Mshelia, 2005; Adefolalu, 2007). A diminuição da precipitação, o aumento da temperatura e a evapotranspiração resultaram ou na redução dos níveis de água ou na seca total de alguns rios e lagos no Norte da Nigéria, enquanto que o lago Chade na Nigéria está a diminuir de tamanho a um ritmo alarmante desde os anos 70 (Chindo e Nyelong, 2005; Odjugo, 2010a). Na região costeira da Nigéria, a subida do nível do mar de 0,2 m e a incursão de água salgada na planície costeira durante cerca de 2016 - 3400 km^2 foi relatada (NEST, 2003; Nyelong, 2004; Nwafor, 2006).

Spurgeon *et al.* (2009) reportaram 0,05^{O} C mudança de temperatura por década ao longo do século XX em África. Dizia-se que o aquecimento era mais significativo entre Junho e Novembro de cada ano. Da mesma forma, a redução da precipitação ocorreu na África Ocidental semi árida. No Sahel da Nigéria, houve uma redução de 25% da queda de chuva na média dos últimos 30 anos.

Estas tendências têm sido apoiadas por outros estudos que utilizam dados climáticos a longo prazo. Akpodiogaga e Odjugo (2010) e Olaniran, (1991) mostraram tendências nas alterações climáticas na Nigéria e também mostraram evidências de alterações climáticas na zona da Savana da Guiné e Sahel da Nigéria, utilizando dados de queda de chuva para estações dentro da zona de 1940-2000. Descobriu que: para a maioria das estações, o desvio da precipitação em relação à média geral é negativo. Por exemplo, Birnin Kebbi, Gusau, Kano, Maiduguri, Sokoto, Yola, Nguru, Potiskum e Katsina, com Nguru, Maiduguri e Katsina mais afectados. Outras estações experimentam desvios positivos. Durante as seis décadas abrangidas pelo estudo, houve 3 décadas abaixo da grande média (1941-1950, 1971-1980 e 1981-1990) e 3 décadas acima da grande média (1951-1960, 1961-1970 e 1991-2000). O estudo de Odjugo (2010c) mostrou um aumento gradual da temperatura entre 1901 e 1940, o qual caiu ligeiramente entre o final da década de 1940 e o início da década de 1950 e registou uma subida acentuada até ao final da década de 1960. "Esta subida acentuada dentro deste período está de acordo com a tendência global" (Odjugo, 2010c).

Já os centros urbanos nigerianos têm sentido os impactos das alterações climáticas com inundações anuais incessantes que afectam grandes áreas e um grande número de pessoas. Por exemplo, em 2010, as inundações no Norte da Nigéria afectaram 2 milhões de pessoas no Estado de Jigawa e outras 40.000 pessoas foram deslocadas no Estado de Sokoto, onde a Universidade Usmanu Dan Fodio foi forçada a fechar durante semanas como resultado do colapso da ponte associada à inundação. Foram relatadas inundações semelhantes em Lagos, onde 689 pessoas seriam deslocadas em Ajegunle em resultado da inundação (Yekken, 2011).

2. 6 Impactos das alterações climáticas

O Painel Intergovernamental sobre Alterações Climáticas, o Quarto Relatório de Avaliação do IPCC (2007) descreve uma tendência de aquecimento a um ritmo mais rápido do que a média global, e uma aridez crescente em muitos países. As alterações climáticas exercem múltiplas pressões sobre o ambiente biofísico, bem como sobre o ambiente social e institucional que sustenta a produção agrícola (IPCC, 2007). Ou seja, factores socioeconómicos, concorrência internacional, desenvolvimento tecnológico, bem como escolhas políticas determinarão o padrão e impacto que as mudanças agro-climáticas terão na agricultura (Brussel, (citado em Anselm e Taofeeq, 2010). Em todos, Khanal (2009) classificou os padrões de impacto das alterações climáticas na agricultura em impacto biofísico e sócio-económico. Os impactos biofísicos incluem; efeitos fisiológicos sobre as culturas e o gado, alterações na terra, solo e recursos hídricos, aumento dos desafios das ervas daninhas e pragas, alterações na distribuição espacial e temporal dos impactos, subida do nível do mar e alterações na salinidade dos oceanos e subida da temperatura do mar, fazendo com que os peixes habitem em diferentes intervalos. Os impactos socioeconómicos resultam no declínio do rendimento e da produção, redução do PIB marginal da agricultura, flutuação do preço no mercado mundial, alterações na distribuição geográfica do regime comercial, aumento do número de pessoas em risco de fome e insegurança alimentar, migração e agitação civil.

Um dos maiores impactos das alterações climáticas é o agravamento das condições meteorológicas extremas como secas, inundações, tempestades, vendavais, trovoadas, deslizamentos de terras, avalanches e tsunamis, entre outros (Odjugo, 1999; 2001). Odjugo (2008) observou que a frequência e magnitude dos ventos e tempestades não só aumentaram, como também mataram 199 pessoas e destruíram propriedades no valor de N85,03 mil milhões na Nigéria entre 1992 e 2007. Odjugo (2010) mostra que as alterações climáticas levaram a uma mudança nas culturas cultivadas no norte da Nigéria. Segundo (Odjugo, 2008) citando Ahmed (1978) como em 1978, as culturas preferidas pelos agricultores eram o milho-da-índia seguido de amendoim e milho, mas devido ao aumento da temperatura e à diminuição da quantidade e duração das chuvas ocasionadas pelas alterações climáticas, os agricultores, como meio de adaptação em 2007, mudaram para a produção de painço seguido de milho e feijão. Outro grande problema para a agricultura na Nigéria devido às alterações climáticas é a redução das terras aráveis. Enquanto a incursão marítima está a reduzir as terras aráveis das planícies costeiras, a invasão do deserto com as suas dunas de areia associadas está a privar os agricultores das suas terras agrícolas e das terras de pastagem. Além disso, as secas frequentes e as chuvas menores começaram a encurtar a época de crescimento, causando assim o fracasso das culturas e a escassez de alimentos. Foi demonstrado que a seca, a invasão do deserto e a inundação costeira começaram a afectar o ecossistema do país, levando a uma desestabilização ecológica devido ao impacto das alterações climáticas na região semi-árida do Norte da Nigéria (Odjugo e Ikhuoria, 2003; Ayuba *et al.*, 2007).

Quando as temperaturas excedem o nível óptimo para os processos biológicos, as culturas respondem frequentemente negativamente com uma queda acentuada no crescimento e rendimento líquidos. Khanal (2009) declarou que o stress térmico pode afectar todo o desenvolvimento fisiológico, maturação e finalmente reduzir o rendimento da cultura cultivada. Os efeitos negativos no rendimento agrícola serão exacerbados por fenómenos meteorológicos mais frequentes. Brussel (citado em Anselm e Taofeeq, 2010) declarou que o aumento da concentração atmosférica de CO_2, temperaturas mais elevadas, e mudanças nos padrões anuais e sazonais de precipitação e na frequência de eventos extremos afectarão o volume, qualidade, quantidade, estabilidade da produção alimentar e o ambiente natural em que a agricultura tem lugar. As variações climáticas terão consequências na disponibilidade de recursos hídricos, frequência de pragas e doenças, e qualidade dos solos, levando a alterações significativas nas condições da agricultura e da produção pecuária. Em casos extremos, segundo Brussel (2009), a degradação dos ecossistemas agrícolas pode significar desertificação, resultando numa perda total da capacidade produtiva da terra em questão. Isto é susceptível de aumentar a dependência da importação de alimentos e o número de pessoas em risco de fome.

Em África, espera-se que as alterações climáticas alterem a dinâmica da seca, chuvas e ondas de calor, e desencadeiem tensões secundárias tais como a propagação de pragas, o aumento da competição pelos recursos, e as consequentes perdas de biodiversidade. É difícil prever o impacto das alterações climáticas nos complexos sistemas biofísicos e socioeconómicos que constituem os sectores agrícolas. Em muitas partes de África parece que os climas mais quentes e as mudanças na precipitação desestabilizarão a produção agrícola. Espera-se que isto venha a minar os sistemas que proporcionam segurança alimentar. Embora os agricultores em algumas regiões possam beneficiar de épocas de crescimento mais longas e rendimentos mais elevados, espera-se que as consequências gerais para África sejam adversas, e particularmente adversas para os pobres e marginalizados, que não têm os meios para suportar mudanças drásticas. Os dados do IPCC sugerem que as áreas do Sara são provavelmente as mais vulneráveis às alterações climáticas até 2100, com perdas agrícolas prováveis entre 2 e 7% do PIB dos países afectados. Espera-se que a África Ocidental e Central tenham perdas entre 2 a 4% e que a África do Norte e Austral tenham perdas de 0,4 a 1,3% (Mendelsohn *et al.*, 2000). Espera-se que a produção de milho diminua sob possíveis condições de El Nino-Oscilação do Sul (ENSO), que são esperadas na África Austral (Stige *et al.*, 2006).

As alterações climáticas também afectariam directa ou indirectamente a população e os assentamentos humanos em

Nigéria. Em geral, cerca de 15% da população do país é actualmente afectada pelas variações climáticas e alterações do nível do mar. Com as alterações climáticas, entre 50% e 60% da população seria afectada. o calor excessivo, o stress hídrico crescente, a poluição do ar e o sistema imunitário suprimido ocasionados pelas alterações climáticas resultarão numa incidência crescente de morte excessiva devido ao esgotamento do calor, fome, doenças relacionadas com a água (diarreia, cólera e doenças de pele), doenças inflamatórias e respiratórias (tosse e asma), depressão, cancro de pele e catarata (Odjugo 2010 & Deweerd, 2007).

2. 7 Agricultura e Alterações Climáticas

A agricultura é talvez a mais sensível às questões relacionadas com as alterações climáticas de todas as actividades económicas humanas. As mudanças no clima do mundo irão trazer grandes mudanças na produção de alimentos. Apesar do recente desenvolvimento tecnológico e científico, o clima continua a ser uma variável chave na produção agrícola. O tempo e o clima afectam a agricultura e determinam a adequação do abastecimento alimentar. O clima determina se a agricultura de sequeiro será ou não cultivada com sucesso numa determinada área. Todas as fases da produção agrícola, desde a limpeza e preparação da terra, passando pelo crescimento e gestão das culturas até à colheita, armazenamento, transporte e comercialização de produtos agrícolas, estão sujeitas à influência do tempo e do clima. O tempo e o clima actuam tanto como um recurso como um constrangimento à produção agrícola. O valor de recurso do tempo tem de ser optimizado enquanto os perigos colocados pelo tempo têm de ser geridos (Ayoade, 2002).

Embora o petróleo bruto seja agora de longe a fonte mais importante do rendimento nacional da Nigéria, cerca de 60% da força de trabalho ainda está empregada na agricultura. Mais de 90% da produção agrícola é proveniente de pequenos agricultores de base rural. O sector agrícola (produção vegetal, pecuária e pescas) é susceptível de manter o seu domínio em termos de mão-de-obra total para a economia do país durante muito tempo. Isto indica que as actividades agrícolas continuarão a ser uma fonte significativa de emissão de metano a longo prazo - (Ministério Federal do Ambiente, 2003).

Muitos pressupostos não testados estão por detrás dos esforços para projectar a potencial influência do aquecimento global nas culturas. Para além da magnitude e ritmo da mudança, a fase de crescimento durante a qual uma cultura é exposta à seca ou ao calor é importante. Quando uma cultura está a florir ou a frutificar, é extremamente sensível às mudanças de temperatura e humidade; mas mais tolerante durante outras fases do crescimento. Além disso, a temperatura e os padrões de precipitação sazonais variam de ano para ano e de região para região, independentemente das tendências climáticas a longo prazo. As alterações de temperatura e pluviosidade induzidas pelas alterações climáticas irão provavelmente interagir com gases atmosféricos, fertilizantes, insectos, agentes patogénicos das plantas, ervas daninhas, e matéria orgânica do solo para produzir respostas imprevistas.

De acordo com Chakeredza *et al.* (2009), apesar destas incertezas, um aumento médio da temperatura global de pouco mais de meio grau centígrado prolongaria em duas semanas a época de crescimento sem geadas na faixa de milho. Contudo, se as temperaturas continuarem a aumentar para além de um limiar específico, o período de cultivo produtivo de uma cultura no Verão poderá tornar-se mais curto, reduzindo assim o rendimento.

A agricultura é um sector muito importante em toda a África Subsaariana em termos de subsistência, contribuição para o Produto Interno Bruto (PIB), emprego e rendimentos em divisas (Diao., 2006). É do conhecimento geral que os agricultores da África Subsaariana, incluindo a Nigéria, estão a lutar para enfrentar a actual variabilidade climática. Prevê-se que o declínio da produção agrícola na África Subsaariana poderia deixar centenas de milhões sem capacidade de produzir ou comprar alimentos suficientes (Chakeredza *et al.*, 2009).

Segundo Bazzaz e Sombroek (1994), as mudanças no clima do mundo trarão grandes mudanças na produção alimentar. Em alguns lugares, as temperaturas irão aumentar e a pluviosidade irá aumentar; noutros, a pluviosidade irá diminuir. Além disso, as cheias costeiras reduzirão a quantidade de terra disponível para a agricultura.

De acordo com a USAID (2007) "As alterações climáticas têm os seguintes impactos na agricultura:

1. Aumento do rendimento em ambientes mais frios; diminuição do rendimento em ambientes mais quentes; aumento de surtos de insectos em áreas mais quentes.
2. Danos às culturas; erosão do solo; incapacidade de cultivar terra devido ao corte de água dos

solos.

3. Degradação da terra, rendimentos mais baixos ou danos ou falhas nas colheitas; aumento das mortes de animais; aumento do risco de incêndios florestais.

4. Salinização da água de irrigação, estuários e sistemas de água doce.

Segundo Oladipo (2010), os efeitos indirectos das alterações climáticas na agricultura incluem os efeitos nas pragas e doenças e os impactos destas na produção agrícola, os impactos na saúde, e os impactos nas actividades sócio-económicas relacionadas com a agricultura. Várias pragas, incluindo o insecto fedorento do arroz, a broca da vagem do feijão, o gorgulho do arroz, e a broca da vagem da soja, provavelmente expandiriam as suas áreas de distribuição em caso de alterações climáticas.

Em geral, os vários impactos das alterações climáticas na produção agrícola do país podem ter um impacto tremendo no rendimento, emprego e produção alimentar. Haveria também impactos significativos sobre as características do trabalho, emprego e processos populacionais e suas características (Oladipo, 2010). Os factores climáticos afectam a agricultura e determinam a adequação do abastecimento alimentar (Ayoade, 2004); daí, a necessidade de estratégias adaptativas.

2.8 Esforço para controlar as alterações climáticas

As Nações Unidas têm vindo a desenvolver vários esforços ao longo dos anos para mitigar as causas e efeitos das alterações climáticas sobre o ambiente. As principais conferências são discutidas;

2.8.1 Conferência Climática do Protocolo de Quioto

A conferência de Quioto sobre as alterações climáticas teve lugar em Quioto, Japão, em 1997. Lá, os países desenvolvidos acordaram objectivos específicos para a redução das suas emissões de gases com efeito de estufa. Para tal, foi definido um quadro geral, com pormenores específicos a serem detalhados nos próximos anos. Isto ficou conhecido como o Protocolo de Quioto. Os EUA propuseram apenas estabilizar as emissões e não as reduzir de todo, enquanto que a União Europeia exigiu um corte de 15%. No final, houve uma troca, e os países industrializados comprometeram-se a uma redução global das emissões de gases com efeito de estufa para 5,2% abaixo dos níveis de 1990 para o período 2008 - 2012.

2.8.2 Conferência de Montreal sobre o Clima

A conferência de duas semanas sobre as alterações climáticas em Montreal, Canadá, no início de Dezembro de 2005, na verdade, consistiu em duas reuniões:

1. A Reunião das Partes do Protocolo (MOP)

Esta foi uma reunião dos países desenvolvidos que concordaram com o Protocolo de Quioto

2. A Décima Primeira Conferência das Partes da Convenção (COP 11)

Isto envolve praticamente todo o mundo-189 países - que fazem parte da Convenção-Quadro das Nações Unidas sobre Alterações Climáticas (UNFCCC).

A Conferência Climática de Montreal "foi a maior conferência intergovernamental sobre o clima desde que o Protocolo de Quioto foi adoptado em 1997" e "participaram cerca de 10.000 participantes".

Foram discutidas várias questões, incluindo:

1. Esclarecer e acordar as regras e compromissos que os diferentes países têm;

2. Como ajudar os países em desenvolvimento a reduzir as suas emissões;
3. Como medir a redução de emissões;
4. Prestação de contas.

Enquanto se chegava a um acordo final, houve uma série de acontecimentos e questões surpreendentes que surgiram no processo: O Protocolo de Quioto entrou em vigor a 16 de Fevereiro de 2005 com mais de 30 países industrializados vinculados por objectivos específicos e juridicamente vinculativos de redução de emissões. Como primeiro passo, estes cobrem o período 2008-2012. Esta reunião confirmou uma série de planos de implementação, tais como o comércio de emissões, implementação conjunta, e mecanismos de desenvolvimento limpo. Estes dois últimos deveriam ajudar os países em desenvolvimento, reconhecendo ao mesmo tempo as contribuições dos países industrializados.

Foi acordado que eram necessárias discussões sustentadas com todos os países sobre várias coisas como, por exemplo:

1. Promover os objectivos de desenvolvimento de uma forma sustentável para os países mais pobres;
2. Abordagem de acções de adaptação às alterações climáticas;
3. Prossecução do desenvolvimento e transferência de tecnologia para ajudar a desenvolver soluções;
4. Explorando melhor o potencial das oportunidades baseadas no mercado;

2.8.3 Conferência de Bali sobre Alterações Climáticas

A conferência da ONU sobre alterações climáticas realizada em Bali, Indonésia, em Dezembro de 2007, conduziu a um acordo final conhecido como o "Roteiro de Bali". A conferência, mais oficialmente conhecida como COP-13, ou Conferência das Partes, 13ª sessão, 3-14 de Dezembro de 2007, Bali, Indonésia. A reunião atraiu mais de 10.000 participantes, incluindo representantes de mais de 180 países e observadores de organizações intergovernamentais e não-governamentais, e dos meios de comunicação social. O Roteiro de Bali delineou um novo processo negocial que foi concluído em 2009. O Roteiro incluiu a decisão de lançar um Fundo de Adaptação, bem como outras decisões sobre a transferência de tecnologia e sobre a redução das emissões resultantes da desflorestação.

2.8.4 O Acordo de Copenhaga

O Acordo de Copenhaga é um documento que os delegados na 15ª sessão da Conferência das Partes (COP 15) no trabalho do Quadro das Nações Unidas sobre Alterações Climáticas concordaram em "tomar nota" no plenário final a 18th de Dezembro de 2009.

O Acordo:

- Apoia a continuação do protocolo de Quioto.
- Sublinha que as alterações climáticas são um dos maiores desafios do nosso tempo e sublinha uma "forte vontade política de combater urgentemente as alterações climáticas de acordo com o

princípio de responsabilidades comuns mas diferenciadas e respectivas capacidades".

- Para evitar interferências antropogénicas perigosas com o sistema climático, reconhece "a visão científica de que o aumento da temperatura global deve ser inferior a 2 graus Celsius", num contexto de desenvolvimento sustentável, para combater as alterações climáticas.
- Reconhece "os impactos críticos das alterações climáticas e os impactos potenciais das medidas de resposta nos países particularmente vulneráveis aos seus efeitos adversos" e salienta "a necessidade de estabelecer um programa de adaptação abrangente que inclua apoio internacional".
- Reconhece que "são necessários cortes profundos nas emissões globais de acordo com a ciência" (IPCC AR4) e concorda com a cooperação no sentido de atingir (parar de aumentar) as emissões globais e nacionais de gases com efeito de estufa "o mais rapidamente possível" e que "uma estratégia de desenvolvimento de baixas emissões é indispensável para o desenvolvimento sustentável".
- Declara que "é urgentemente necessária uma maior acção e cooperação internacional em matéria de **adaptação** para reduzir a(s) vulnerabilidade(s) e criar resistência nos países em desenvolvimento, especialmente naqueles que são particularmente vulneráveis, especialmente nos países menos desenvolvidos (PMD), nos pequenos Estados insulares em desenvolvimento (PEID) e em África" e concorda que "os países desenvolvidos devem fornecer recursos financeiros, tecnológicos e de reforço das capacidades adequados, previsíveis e sustentáveis para apoiar a implementação de acções de adaptação nos países em desenvolvimento".
- Sobre a **mitigação** concorda que os países desenvolvidos (Partes do Anexo I) "se comprometeriam com metas de emissões a nível da economia para 2020" e concorda que estas Partes do Protocolo de Quioto reforçariam as suas actuais metas. O fornecimento de reduções e financiamento pelos países desenvolvidos será medido, comunicado e verificado (MRV) de acordo com as orientações da COP, etc.

2.8.5 A Conferência do México sobre Alterações Climáticas

A Conferência das Nações Unidas sobre Alterações Climáticas 2010 realizou-se em Cancun, México, de 29 de Novembro a 10 de Dezembro, na Conferência das Partes (COP 16) do Quadro das Nações

Unidas sobre Alterações Climáticas (UNFCCC) e na 6ª sessão da Conferência das Partes que serve de reunião das Partes (CMP 6) do Protocolo de Quioto. O resultado da cimeira foi um acordo adoptado pelas Partes dos Estados que apelou a um grande "Fundo Verde para o Clima", e um "Centro de Tecnologia Climática" e rede. Aguardava com expectativa um segundo período de compromisso para o Protocolo de Quioto. Reconhece que as alterações climáticas representam uma ameaça urgente e potencialmente irreversível para as sociedades humanas e para o planeta, que precisa de ser abordada urgentemente por todas as Partes. Afirma que as alterações climáticas são um dos maiores desafios do nosso tempo e que todas as Partes devem partilhar uma visão de acção cooperativa a longo prazo, a fim de alcançar o objectivo da Convenção, através da realização de um objectivo global. Reconhece que o aquecimento do sistema climático tem uma base científica e que a maior parte do aumento observado nas temperaturas médias globais desde meados do século XX é muito provável devido ao aumento observado nas concentrações antropogénicas de gases com efeito de estufa, tal como avaliado pelo IPCC no seu Quarto Relatório de Avaliação. Reconhece ainda que são necessários cortes profundos nas emissões globais de gases com efeito de estufa, com vista a reduzir as emissões globais de gases com efeito de estufa de modo a manter o aumento da temperatura média global abaixo dos 2°C acima dos níveis pré-industriais, e que as Partes devem tomar medidas urgentes para cumprir este objectivo a longo prazo, consistente com a ciência e com base na equidade; reconhece também a necessidade de considerar, no contexto da primeira revisão, o reforço em relação a um aumento da temperatura média global de 1,5°C.

2.9 Adaptação às alterações climáticas

A adaptação às alterações climáticas é um processo através do qual as pessoas reduzem os efeitos adversos do clima na sua saúde e bem-estar e tiram partido das oportunidades que o ambiente lhes proporciona (Saka, 2008). IPCC (2007) define a adaptação como a "adaptação em sistemas naturais ou humanos a um ambiente novo ou em mudança". É o ajustamento nos sistemas naturais ou humanos em resposta a estímulos climáticos reais ou esperados ou aos seus efeitos que modera os danos ou explora oportunidades benéficas. Podem distinguir-se vários tipos de adaptação, incluindo a adaptação antecipatória e reactiva, a adaptação privada e pública, e as adaptações autónomas e planeadas".

Mitchell e Tanner (2006) definiram a adaptação como "uma compreensão de como indivíduos, grupos e sistemas naturais podem ser preparados e responder a mudanças no clima ou no seu ambiente". Segundo eles, "é crucial para reduzir a vulnerabilidade às alterações climáticas".

Para lidar com os efeitos negativos das alterações climáticas, existem várias estratégias de adaptação que podem ser adoptadas em diferentes situações. Em geral, quanto mais atenuação houver, menos impactos teremos de ajustar, e menos riscos teremos de tentar e preparar. Pelo contrário, quanto maior for o grau de adaptação preparatória, menos poderão ser os impactos associados a um determinado grau de mudança climática. As acções e estratégias de adaptação apresentam uma abordagem complementar à mitigação. Uma questão importante na adaptação agrícola às alterações climáticas é a forma como os agricultores actualizam as suas expectativas sobre o clima em resposta a padrões climáticos invulgares.

A adaptação às alterações climáticas visa mitigar e desenvolver medidas adequadas para fazer face aos impactos negativos das alterações climáticas na agricultura. A maioria dos sistemas agrícolas tem uma medida da capacidade de adaptação interna ("adaptação autónoma") mas o actual ritmo rápido das alterações climáticas imporá novas e potencialmente esmagadoras pressões sobre a capacidade de adaptação existente. Isto é particularmente verdade dado que se espera que as mudanças secundárias induzidas pelas alterações climáticas minem a capacidade das pessoas e dos ecossistemas para enfrentarem e recuperarem de eventos climáticos extremos e outros perigos naturais. É por esta razão que o IPCC incentiva a "adaptação planeada", ou seja, medidas deliberadas destinadas a criar a capacidade de lidar com os impactos das alterações climáticas (IPCC, 2007).

As estratégias e acções de adaptação eficazes devem ter como objectivo assegurar o bem-estar face à variabilidade climática. Na prossecução deste objectivo, a adaptação climática deve centrar-se no apoio aos processos de tomada de decisões e de desenvolvimento de capacidades que moldam a aprendizagem social, a transferência de tecnologia, a inovação e os percursos de desenvolvimento. A adaptação é mais relevante quando influencia decisões que existem independentemente das alterações climáticas, mas que têm consequências a longo prazo (Stainforth *et al.*, 2007). Uma componente chave da adaptação climática envolve a construção da resiliência, onde a resiliência é a capacidade de um sistema tolerar perturbações sem cair num estado qualitativamente diferente que é controlado por um conjunto diferente de processos: um sistema resiliente pode resistir a choques e reconstruir-se a si próprio quando necessário. Mais de sessenta por cento dos africanos permanecem directamente dependentes da agricultura e dos recursos naturais para o seu bem-estar (FAO, 2003). A agricultura é altamente dependente da variabilidade climática, razão pela qual a ameaça das alterações climáticas é particularmente urgente em África (Boko *et al*, 2007).

2.10 Estratégias de Adaptação

A adaptação é uma componente importante da avaliação do impacto das alterações climáticas e da vulnerabilidade, e é uma das opções políticas em resposta aos impactos das alterações climáticas (Fankhauser, 1996). A nossa resposta às alterações climáticas é medida em termos de adaptação. A adaptação é a forma como respondemos (ou nos preparamos para) as alterações climáticas, a fim de reduzir os impactos negativos e tirar partido dos impactos positivos. De facto, o papel significativo da adaptação como resposta política do governo tem sido reconhecido internacionalmente. O artigo 4.1b da Convenção-Quadro das Nações Unidas sobre Alterações Climáticas (UNFCCC, 1992) declara que as partes estão empenhadas em formular e implementar programas nacionais e, quando apropriado, regionais contendo medidas para mitigar as alterações climáticas e medidas para facilitar a adaptação adequada às alterações climáticas". O Protocolo de Quioto (Artigo 10) compromete ainda as partes a promover e facilitar a adaptação, e a utilizar tecnologias de adaptação para enfrentar as alterações climáticas (UNFCCC, 1998). As estratégias de adaptação variam em função de muitos factores.

Há necessidade de compreender que tipos e formas de adaptação são possíveis, viáveis e prováveis; quem estaria envolvido na sua implementação; e o que é necessário para facilitar ou encorajar o seu desenvolvimento ou adopção. Um primeiro passo necessário para abordar estas preocupações é a identificação e caracterização das opções de adaptação na agricultura (Brklacich *et al.*, 1997).

2.10.1 Tipos de Adaptação

As medidas ou opções de adaptação variam em função de muitos factores. As medidas de adaptação podem ser classificadas com base no calendário, objectivo e motivo da sua implementação. Consequentemente, a adaptação pode incluir acções reactivas ou antecipatórias, ou pode ser planeada ou autónoma (IPCC, 2007). Há dois tipos principais de adaptação às alterações climáticas: adaptação reactiva ou antecipatória e adaptação planeada ou autónoma. A adaptação reactiva é a nossa resposta imediata às alterações climáticas. A adaptação reactiva ocorre após os impactos iniciais das alterações climáticas se tornarem evidentes. Este tipo de fadaptação é frequentemente utilizado para recuperar a estabilidade. Por vezes não é a melhor resposta quando a nossa compreensão passada não corresponde às condições ambientais e socioeconómicas actuais.

A adaptação planeada ou autónoma é mais susceptível de reduzir os danos a longo prazo, o risco e a vulnerabilidade devido às alterações climáticas. É o resultado de uma decisão política deliberada, baseada na consciência de que as condições mudaram ou se espera que mudem, e que alguma forma de acção é necessária para manter um estado desejado. A adaptação planeada envolve a tomada de decisões a longo prazo, o que melhora a nossa capacidade de lidar com as futuras alterações climáticas. A avaliação periódica e as estratégias de gestão de riscos ajudam a tornar esta resposta a mais eficaz.

2.10.2 Características das Adaptações

Existe um grande número e variedade de medidas ou acções que poderiam ser empreendidas na agricultura para se adaptar às alterações climáticas (Smit, 1993; Brklacich *et al.*, 1997). Existem também numerosas características pelas quais se podem distinguir as adaptações, e que poderiam servir de base para uma tipologia de adaptações agrícolas. Entre as características distintivas da adaptação estão a intenção e o propósito, o calendário e a duração; a escala e a responsabilidade; e a forma.

1. Intenção e Propósito

Intenção e intencionalidade diferenciam entre adaptações que são realizadas espontaneamente, ou de forma autónoma, como parte regular da gestão em curso das que são conscientemente e especificamente planeadas à luz de um risco relacionado com o clima (Carter *et al.*, 1994). Nos sistemas socioeconómicos, as adaptações do sector público são geralmente estratégias planeadas conscientemente, tais como investimentos em

programas governamentais, mas as adaptações do sector privado e individuais podem ser autónomas, planeadas ou

uma combinação das duas. Por exemplo, as decisões de um produtor que, ao longo de muitos anos, gradualmente elimina uma variedade de cultura em favor de outra que parece fazer melhor nas condições climáticas, podem ser consideradas espontâneas e autónomas, mas são também conscientemente levadas a cabo.

2. Calendário e Duração

O tempo de adaptação diferencia as respostas que são antecipatórias (proactivas), simultâneas (durante), ou reactivas (reactivas). Embora lógica em princípio, esta distinção é menos clara na prática. Por exemplo, um produtor que tenha sofrido várias secas nos últimos anos, e que espera que a frequência da seca se mantenha semelhante ou aumente no futuro, pode ajustar certas práticas de produção ou acordos financeiros para gerir os riscos de seca. A distinção temporal não é útil neste caso, pois trata-se de uma adaptação reactiva e pró-activa.

A duração da adaptação distingue as respostas de acordo com o período de tempo durante o qual se aplicam, tais como tácticas (curto prazo) versus estratégicas (longo prazo). Na agricultura, as adaptações tácticas podem incluir ajustamentos feitos dentro de uma estação que envolvam lidar com uma condição climática, tal como a seca, a curto prazo. As adaptações tácticas podem incluir a venda de gado, a compra de rações, a lavoura de uma cultura ou a contracção de um empréstimo bancário. As adaptações estratégicas referem-se a mudanças estruturais no funcionamento da exploração agrícola ou mudanças nas empresas ou na gestão que se aplicariam a uma estação posterior, ou a um prazo mais longo. Assim, as adaptações estratégicas podem incluir mudanças no uso da terra, mistura de empresas, tipo de cultura ou utilização de seguros, (Barry S. e Mark W. Skinner 2002)

3. Escala e responsabilidade

As adaptações podem ser distinguidas de acordo com a escala em que ocorrem e o agente esponsável para o seu desenvolvimento e emprego. Na agricultura, as adaptações ocorrem numa variedade de escalas espaciais, incluindo planta, parcela, campo, fazenda, região e nação. Ao mesmo tempo, a responsabilidade pode ser diferenciada entre os vários agentes que realizam ou facilitam adaptações na agricultura, incluindo produtores individuais (agricultores), agro-negócios (indústrias privadas), e governos (agências públicas) (Smit *et al.*, 1999). Contudo, a maioria dos debates sobre adaptação não distingue os papéis dos diferentes decisores. Por exemplo, uma adaptação comummente defendida na agricultura é a utilização do desenvolvimento de culturas para condições climáticas alteradas. Uma tal adaptação envolveria provavelmente agências governamentais (encorajando este enfoque na investigação sobre reprodução), empresas (desenvolvendo e comercializando novas variedades de culturas), e também produtores (seleccionando e cultivando novas culturas). Qualquer avaliação realista das opções de adaptação precisa de considerar sistematicamente os papéis dos vários intervenientes.

4. Formulário

A adaptação na agricultura ocorre através de uma variedade de processos e pode assumir muitas formas diferentes em qualquer escala ou em relação a qualquer interveniente. As distinções entre as adaptações baseadas na forma foram sugeridas por Burton *et al.* (1993), Carter *et al.* (1994). Estes estudos consideram adaptações de acordo com as suas características administrativas, financeiras, institucionais, jurídicas, de gestão, organizacionais, políticas, práticas, estruturais, e tecnológicas. Por exemplo, Bryant *et al.* (2000) identificam formas de adaptação a nível da exploração agrícola, incluindo modificação da gestão de recursos, compra de seguros de colheitas, e diversificação. Identificam também diferentes formas de adaptação ao nível das políticas, incluindo ajuda à investigação e desenvolvimento, estratégias de incentivo e medidas de infra-estruturas. A diferenciação das respostas às alterações climáticas de acordo com a forma proporciona um quadro útil para a compreensão da adaptação na agricultura.

2.10.3 Tipos de Opções de Adaptação na Agricultura

Esta secção identifica os tipos de adaptação agrícola às alterações climáticas, e dá exemplos dos tipos. As opções de adaptação agrícola estão agrupadas de acordo com quatro categorias principais que não são mutuamente exclusivas: (1) desenvolvimentos tecnológicos, (2) programas governamentais e seguros, (3) práticas de produção agrícola, e (4) gestão financeira agrícola. Dentro de cada categoria são considerados exemplos específicos à luz das distinções discutidas anteriormente e da tomada de decisões agrícolas em geral. Os principais tipos de adaptações estão resumidos no Quadro 2.1 com exemplos em cada categoria.

Quadro 2.1: Tipos e Exemplos Seleccionados de Opções de Adaptação na Agricultura

EXEMPLOS SELECCIONADOS DE OPÇÕES DE ADAPTAÇÃO NA AGRICULTURA		
1.	TECNOLÓGICO DESENVOLVIMENTOS	**a) Desenvolvimento das culturas:** Desenvolver novas variedades de culturas, incluindo híbridos, para aumentar a tolerância e adequação das plantas à temperatura, humidade e outras condições climáticas relevantes. **b) Sistemas de Informação Meteorológica e Climática:** Desenvolver sistemas de alerta precoce que forneçam previsões meteorológicas diárias e previsões sazonais. **c) Inovações na Gestão de Recursos:** i. Desenvolver inovações na gestão da água, incluindo a irrigação, para fazer face ao risco de deficiências de humidade e de aumento da frequência de secas. ii. Desenvolver a gestão de recursos a nível da exploração agrícola inovações para enfrentar o risco associado às alterações de temperatura, humidade e outras condições climáticas relevantes
2.	GOVERNAMENTO PROGRAMAS E SEGURO	**a) Subsídios e Programas de Apoio à Agricultura** i. Modificar os programas de seguro de colheitas para influenciar a exploração agrícola estratégias de gestão de risco ao nível da perda de rendimento das culturas relacionada com o clima. ii. Mudança de investimento na estabilização dos rendimentos estabelecidos programas para influenciar as estratégias de gestão de risco a nível da exploração agrícola no que respeita à perda de rendimentos relacionada com o clima iii. Modificar os programas de subsídio, apoio e incentivo para

		influenciar as práticas de produção e gestão financeira a nível da exploração agrícola iv. Alterar os programas de compensação e assistência adhoc para partilhar publicamente o risco da exploração v. Modificar os programas de subvenção, apoio e incentivo para influenciar as práticas de produção a nível da exploração agrícola e financeiro
		gestão vi. Alterar os programas de compensação e assistência adhoc para partilhar publicamente o risco de perda de rendimento a nível da exploração agrícola associado a catástrofes e eventos extremos **b) Seguros privados:** Desenvolver seguros privados para reduzir os riscos climáticos à produção, infra-estruturas e rendimentos a nível da exploração agrícola **c) Programas de Gestão de Recursos:** Desenvolver e implementar políticas e programas para influenciar o uso e as práticas de gestão da terra e dos recursos hídricos a nível das explorações agrícolas à luz das condições climáticas em mudança
3.	FARM PRODUÇÃO PRÁTICAS	**a) Produção agrícola** i. Diversificar os tipos e variedades de culturas, incluindo a cultura substituição, para enfrentar as variações ambientais e os riscos económicos associados às alterações climáticas ii. Diversificar os tipos e variedades de gado a tratar as variações ambientais e os riscos económicos associados às alterações climáticas iii. Alterar a intensificação da produção para fazer face às variações ambientais e aos riscos económicos associados às alterações climáticas **b) Uso da terra** i. Alterar a localização das culturas e do gado produção para fazer face às variações ambientais e aos riscos económicos associados às alterações climáticas ii. Utilizar práticas alternativas de pousio e de lavoura para tratar as deficiências de humidade e nutrientes relacionadas com o clima **c) Topografia terrestre:** Alterar a topografia do terreno para resolver as deficiências de humidade associadas às alterações climáticas e reduzir o risco de degradação dos terrenos agrícolas. **d) Irrigação:** Implementar práticas de irrigação para resolver as deficiências de humidade associadas às alterações climáticas e reduzir a
		risco de perda de rendimento devido a seca recorrente

		e) Calendário de Funcionamento: Alteração do calendário das operações agrícolas para fazer face à alteração da duração das estações de cultivo e às alterações associadas na temperatura e humidade.
4.	GESTÃO FINANCEIRA AGRÍCOLA	**a) Seguro de colheitas:** Comprar acções de culturas e futuros para reduzir os riscos de perda de rendimentos relacionados com o clima **b) Crop shares and Futures:** Investir em acções e futuros de culturas para reduzir os riscos de perda de rendimentos relacionados com o clima **c) Programas de Estabilização do Rendimento:** Participar em programas de estabilização de rendimentos para reduzir o risco de perda de rendimentos devido a alterações das condições climáticas e variabilidade **d) Rendimento do agregado familiar:** Diversificar a fonte de rendimento das famílias a fim de enfrentar o risco de perda de rendimento relacionado com o clima.

Fonte: Barry, S. e Skinner, M. W., 2002.

Segundo a USAID (2007), algumas respostas de adaptação aos impactos das alterações climáticas na agricultura são:

1. Melhoramento genético para produzir culturas tolerantes à seca,
2. Translocação de culturas e alterações nos padrões de cultivo;
3. Arborizar para condicionar os solos, melhorar a infiltração da água e fornecer sombra,
4. Aumento da eficiência na utilização da água,
5. Diversificação em actividades não agrícolas;
6. Seguro de colheitas e esquema de microcrédito.
7. Ajuste das datas de plantio e variedades de culturas
8. Melhor gestão da terra, por exemplo, controlo da erosão e protecção do solo através da plantação de árvores.

De acordo com Mitchell e Tanner (2006), a adaptação é crucial para reduzir a vulnerabilidade às alterações climáticas. Enquanto a mitigação ataca as causas das alterações climáticas, a adaptação ataca os efeitos do fenómeno, o potencial de adaptação para minimizar os impactos negativos e maximizar quaisquer benefícios das alterações climáticas é conhecido como capacidade adaptativa. Uma adaptação bem sucedida pode reduzir a vulnerabilidade, desenvolvendo e reforçando as estratégias de adaptação existentes.

2. 11 Adaptação em Regiões Semi-Áridas

A região semi-árida não é imune ao fenómeno das alterações climáticas. Há várias investigações que se têm concentrado na região, embora escassa. Barrable *et al.* (citado em Asuquo, 2009) sugeriram que as regiões semi-áridas estão sujeitas à erosão acelerada contínua do solo no seu estudo "Projecting future land degradation under changing climates in the Swartland, South Cape, South Africa". Embora a região já seja susceptível de acelerar a erosão e degradação do solo, principalmente devido a más práticas agrícolas e à substituição de vegetação natural por culturas, esta região tornou-se climatologicamente vulnerável a novas alterações. A principal questão aqui é a ameaça das alterações climáticas no sistema terrestre em constante mudança. Utilizaram o exercício de redução regional do Modelo de Circulação Geral (GCM) para explorar o impacto das alterações climáticas no Swartland e em termos de potencial erosão do solo e degradação do solo. Nordeamlak (citado em Asuquo, 2009) no seu estudo na Etiópia revelou que o país é vulnerável às alterações ambientais, principalmente devido ao declínio na disponibilidade de recursos hídricos, o que é ainda mais exacerbado pela pobreza. Este estudo utilizou índices de vulnerabilidade para estados regionais da Etiópia, utilizando o método de componente principal e análise, com base na vulnerabilidade; as regiões foram agrupadas em grupos; vulneráveis, moderadamente vulneráveis e menos vulneráveis. Descobriu-se que as regiões relativamente desenvolvidas, semi-áridas e áridas onde a seca é mais frequente, são mais vulneráveis. As opções de adaptação importantes incluem a utilização de irrigação e a disponibilização aos agricultores de variedades de culturas mais produtivas e tolerantes à seca. Odingo (citado em Asuquo, 2009) concluiu que para as zonas ecológicas de savana e semiáridas, um aumento de $1,5^0$ C será acomodado suavemente com poucas mudanças. Isto, naturalmente, não leva em conta as mudanças devidas à variação do regime de precipitação. A maioria dos ecossistemas secos já são limitados em termos de humidade e, por conseguinte, sofreriam de qualquer redução da disponibilidade de humidade. O aquecimento pode encorajar uma maior "savannanza" da conversão de florestas em prados.

As zonas áridas de África poderiam experimentar um aumento de temperatura até 60°C até meados do próximo século (Magadza, citado em Asuquo, 2009). A precipitação média para uma atmosfera dupla de dióxido de carbono é cerca de 90 por cento da média actual. A combinação de temperaturas elevadas e precipitação reduzida na região é susceptível de conduzir a uma aridez mais severa. Isto também os levou a especular sobre a capacidade contínua das savanas, particularmente as da África Oriental e Austral a sul de grandes populações de grandes mamíferos, tais como búfalos e elefantes. Os grandes animais de corpo grande são susceptíveis de serem afectados mais negativamente do que as espécies mais pequenas, uma visão apoiada por Cummings (Asuquo, 2009).

Em conclusão, a água é fundamentalmente importante para a subsistência e economia, especialmente em regiões de terras secas que dependem da agricultura e de outras actividades dependentes da água. Os habitantes das zonas de terra seca são frequentemente desafiados pelas exigências do clima existente, o que terá implicações adicionais para a gestão dos recursos hídricos nestas regiões.

2.12 Desafios da Adaptação Agrícola às Alterações Climáticas na Nigéria

Apesar da dependência de grandes proporções da população da agricultura, o desenvolvimento agrícola não tem sido historicamente uma prioridade dos governos, com 1% ou menos dos orçamentos nacionais médios destinados à agricultura (FAO, 2003). Contudo, muitos doadores e Organizações Não Governamentais (ONG) têm apoiado a agricultura em todo o continente devido a esta dependência da agricultura e ao potencial para melhorar os rendimentos. A Aliança para uma Revolução Verde em África (AGRA) é um exemplo de uma organização que apoia o desenvolvimento da agricultura em toda a cadeia, desde o financiamento de projectos sobre sementes e solos até aos mercados e políticas.

Três problemas parecem impedir a utilização mais ampla dos dados climáticos pelos agricultores e decisores agrícolas. Primeiro, os dados sobre alterações climáticas não estão disponíveis na resolução espacial exigida pelos agricultores e, como tal, os agricultores lutam para conciliar as suas observações do tempo com as projecções climáticas e perdem a confiança nas projecções. Em segundo lugar, os prazos (ou resolução temporal) sobre os quais os dados climáticos são reportados são muitas vezes de pouca relevância para os agricultores. Embora se possa esperar que os decisores políticos considerem as implicações de uma projecção para 2050, os agricultores baseiam a sua decisão em questões mais imediatas. Em terceiro lugar, há muito poucos cientistas africanos com a formação e experiência necessárias para interpretar e aplicar os dados relativos às alterações climáticas no contexto agrícola.

Asuquo, (2009) também reconheceu barreiras adicionais a incluir: Compreensão limitada dos riscos e vulnerabilidades das alterações climáticas - actuais e projectadas; falta de políticas de apoio, regulamentos padrão e orientações de concepção que incentivem o status quo ou apresentem impedimentos ao progresso; restrições legais ou regulamentares existentes; custo das opções de adaptação identificadas quando os orçamentos são limitados; rigidez e conflitos sociais/culturais/financeiros; natureza de curto prazo da planificação -necessidade de realizar retornos sobre os investimentos; incerteza e confiança no desajustamento a longo prazo entre os horizontes de planeamento empresarial e o horizonte temporal das projecções das alterações climáticas; ainda não visto como um grande problema, pelo que a tentação de esperar pelo impacto para reagir; crença de que a incerteza é demasiado grande para agir agora; falta de precedentes úteis ou de provas de acções de adaptação; falta de aceitação/entendimento dos riscos associados à implementação. A superação destas barreiras pode necessitar de compreensão e actualização do quadro institucional e jurídico.

2.13 Culturas de cereais

2.13.1 A cultura, Millet

O painço de pérola (*Pennisetum glaucum*) cultivado para cereais tem um hábito de crescimento semelhante ao do sorgo. O painço de pérola é uma cultura de estação quente, plantada no início do Verão, quando os solos aqueceram. Atinge a fase de floração de 50% em cerca de 60 a 70 dias após a plantação. As flores e sementes ocorrem num espigão no final do caule ou perfilhador, parecendo-se um pouco com uma cabeça de bojuda. Incluindo a cabeça do grão, a planta terá normalmente cerca de 4 a 5 pés de altura, embora a altura possa variar de 3 a 6 pés, dependendo da variedade e das condições de crescimento. A cultura é principalmente polinizada em cruz, e após a polinização, uma flor demora cerca de 30 dias mais para se tornar numa semente madura. As cabeças dos grãos amadurecerão algumas semanas antes de as folhas secarem, mas os estilhaços das sementes não são normalmente um problema, (Iren, 2004).

Como qualquer cultura de cereais, o painço de pérolas produzirá melhor em solos férteis e bem drenados. No entanto, também funciona relativamente bem em solos arenosos em condições de solo ácido, e quando a humidade e fertilidade do solo disponíveis são baixas. O painço pode sobreviver em áreas com apenas 300 mm ou menos de precipitação sazonal. A necessidade mínima de água é de 400 mm para o sorgo e 500-600 mm para o milho. Os painços estão melhor adaptados do que a maioria das outras culturas a solos secos e inférteis, a temperaturas elevadas, precipitação baixa e errática, períodos de crescimento curtos e solos ácidos com fraca capacidade de retenção de água. Esta adaptação reflecte a origem dos painços de pérolas na região do Sahel de África, onde as condições de cultivo são difíceis. O painço de pérolas parece ter um desenvolvimento radicular relativamente rápido, enviando raízes extensas tanto lateralmente como para baixo no perfil do solo para tirar partido da humidade e nutrientes disponíveis. A cultura faz melhor quando há muitos dias de calor. Em geral, o painço de pérolas encaixa nas mesmas áreas de adaptação que o sorgo (milo), excepto que é um pouco mais tolerante à seca e tem uma maturação um pouco mais precoce. Também tolera melhor o baixo pH do solo do que o sorgo. Os países mais importantes que cultivam o painço de pérolas são a Índia, Nigéria, Níger, Chade, Mali, etc, (David, 1995)

2.13.2 A cultura, Sorgo

O sorgo é o quinto cereal mais importante do mundo, tanto em termos de produção como de área plantada (Iren Leder, 2004). O sorgo é uma cultura cerealífera amplamente cultivada nas regiões áridas e semiáridas de África e da Ásia. Em África, uma grande área de cultivo estende-se através da África Ocidental a sul do Sara, através do Sudão, Etiópia e Somália. O sorgo é cultivado principalmente em áreas pobres sujeitas a baixa pluviosidade e seca, onde outros grãos são impróprios para a produção, a menos que haja irrigação disponível. O sorgo é amplamente cultivado tanto para a alimentação humana como como para a alimentação animal. Os usos do sorgo (milho da Guiné) variam de bebidas a "tuwo". Os caules são utilizados para combustível e construção de vedações e cabanas locais. Constitui uma importante fonte de calorias e proteínas para milhões de pessoas em África e na Ásia (Iren Leder, 2004).

A cultura, sorgo, requer uma quantidade de chuva de 600-1.000mm com duração de pelo menos cinco (5) meses repartidos por oitenta (80) dias de chuva (Danbaba, 2007; Odjugo, 2009). Isto significa que quando a precipitação total for inferior a 600 mm, a produção efectiva de sorgo será afectada. Implica também que a produção de sorgo será também afectada quando a quantidade de precipitação excede o máximo necessário. O desenvolvimento da planta leva 110 a 170 dias, e é frequentemente considerado como tendo 3 fases: a emergência à iniciação floral à floração, e a floração à maturidade fisiológica. A cultura faz melhor quando está seca e fresca. O sorgo é uma planta termófila (26°C-40°C), resistente à seca, que cresce lentamente a 16-20° C, e pára de crescer abaixo de 14^{0} C (Iren Leder, 2004).

2.13.3 A cultura, Milho

O milho (*Zea mays*, L.) é uma das principais culturas cerealíferas da África Ocidental, e as mais importantes culturas cerealíferas alimentares da Nigéria. Vem depois do trigo e do arroz, em termos de importância mundial. O milho não é apenas uma das principais culturas cerealíferas no mundo actual, mas era também um dos alimentos básicos na América antes da chegada de Cristóvão Colombo no final do século 15th , e entre os índios no México e Guatemala, e também entre os Incus no Peru, Bolívia e Equador (Rouannent, 1987).

2.13.3a Relações com a água:

- Requer uma quantidade considerável de humidade ;
- 50-75 cm de chuva bem distribuída é propícia a um crescimento adequado.
- Despende água de forma económica e relativamente resistente à seca - cultura resistente;
- Após a germinação e até à fase de rebaixamento, a cultura permanece menos húmida;
- Requer mais humidade durante o período reprodutivo;
- Requer menos humidade quando se desenvolve em direcção à maturidade.

2.13.3b Temperatura:

- Uma cultura de tempo quente;
- Requer uma temperatura média de cerca de 22^{0} C e temperatura nocturna acima de 15^{0} C;
- Requer um calor considerável desde a germinação até à floração;

- O cultivo não é possível quando as temperaturas diurnas são inferiores a 19^0 C e as temperaturas nocturnas durante os primeiros 3 meses descem abaixo dos 21 °C;
- A temperatura do meio-dia acima dos 35 °C durante vários dias destrói o pólen e os rendimentos são drasticamente reduzidos.

CAPÍTULO 3

ÁREA DE ESTUDO E METODOLOGIA DO ESTUDO

3.1 Introdução

Este Capítulo apresenta a fisiografia, geologia, relevo, clima e padrão de drenagem da área de estudo. Discutiu também a metodologia utilizada no estudo.

3.2 Fisiografia da área de estudo

3.2.1 Localização

Goronyo é uma área do governo local no estado de Sokoto, Nigéria. Está situada ao longo da Latitude 13° 27'11" Norte e Longitude 05° 40'35". A sua sede é em Goronyo, na margem do rio Sokoto. Tem uma área de 1, 704km^2 . É abordado pelo governo local de Gada a norte, Sabon Birnin e Isa a leste, Rabbah a sul, Wurno e Gwadabawa a oeste e Illela a noroeste. Actualmente, o governo local tem dois distritos: Goronyo e Shinaka com um certo número de aldeias por baixo deles. Tem também onze (11) freguesias: Goronyo, Shinaka, Birgingo, Takakume, Rimawa, Kwakwazo, Koyiyo, Kagara, Sabon Gari Dole, Boyekai e Giyawa. (Ver fig. 3.1).

3.2.1 Geologia e Alívio

Goronyo está localizado dentro da bacia de Illumeden, que está rodeada a leste e a sul pelo complexo de cave Pré-Cambriano. É coberto por uma série de rochas sedimentares, que foram depositadas sobre o complexo da cave. Estes sedimentos foram depositados sob diversas situações ambientais, desde eventos continentais a marinhos. As rochas sedimentares em Goronyo foram classificadas em quatro grandes categorias.

A primeira categoria é a formação Gundumi, que é a rocha sedimentar mais antiga do estado directamente sobrevoando o complexo de cave. É constituída por arenitos e argilas, todos de origem continental. A parte arenosa da formação contém muita água e está actualmente a ser aproveitada através de furos de sondagem. A segunda categoria é o grupo Rima de três sedimentos marinhos distintos, a saber, as formações Taloka, Dukamaje e Wumo.

O Taloka, que é a formação mais antiga do grupo Rima, é constituído por múltiplas camadas de arenitos e xistos. Os arenitos desta formação contêm muita água. A formação de Dukamaje é xistosa e não aquífera. A formação Wumo é constituída por uma camada de arenito. A terceira categoria de rochas sedimentares no Estado de Sokoto é referida como o grupo Sokoto que é de origem marinha. É constituída por duas formações principais, as formações Dange e Kalambaina.

A formação Dange consiste em argilas e xistos, enquanto a formação Kalambaina, que se sobrepõe à primeira, é constituída por calcários. Este grupo é também aquífero. A quarta categoria de rochas sedimentares no Estado é a formação Gwandu que ocorre nas partes noroeste e sul do Estado. Esta formação consiste em argilas e arenitos com um elevado potencial para as águas subterrâneas. O complexo de subsolo no topo do qual as rochas sedimentares estão sobrepostas ocorre no Estado de Sokoto a uma profundidade de 500m. É constituído pelos granitos mais antigos, gneisses, migmatites, xistos e outros metavolcânicos que são cristalinos e impermeáveis. O relevo do Estado de Sokoto é geralmente uma terra baixa com uma altura média de 300m acima do nível do mar referida como as planícies de Sokoto.

Sani (2005) caracterizou o relevo de Sokoto como uma monotonia de terras baixas interrompidas por colinas (mesas) isoladas e escarpas. As escarpas encontram-se em Dange e Kalambaina e, juntamente com as colinas, elevam-se até aos 488m. Minerais tais como argila, ouro, caulino, gesso, mármore, lignite, feldspato e pedra de cal podem ser encontrados no estado.

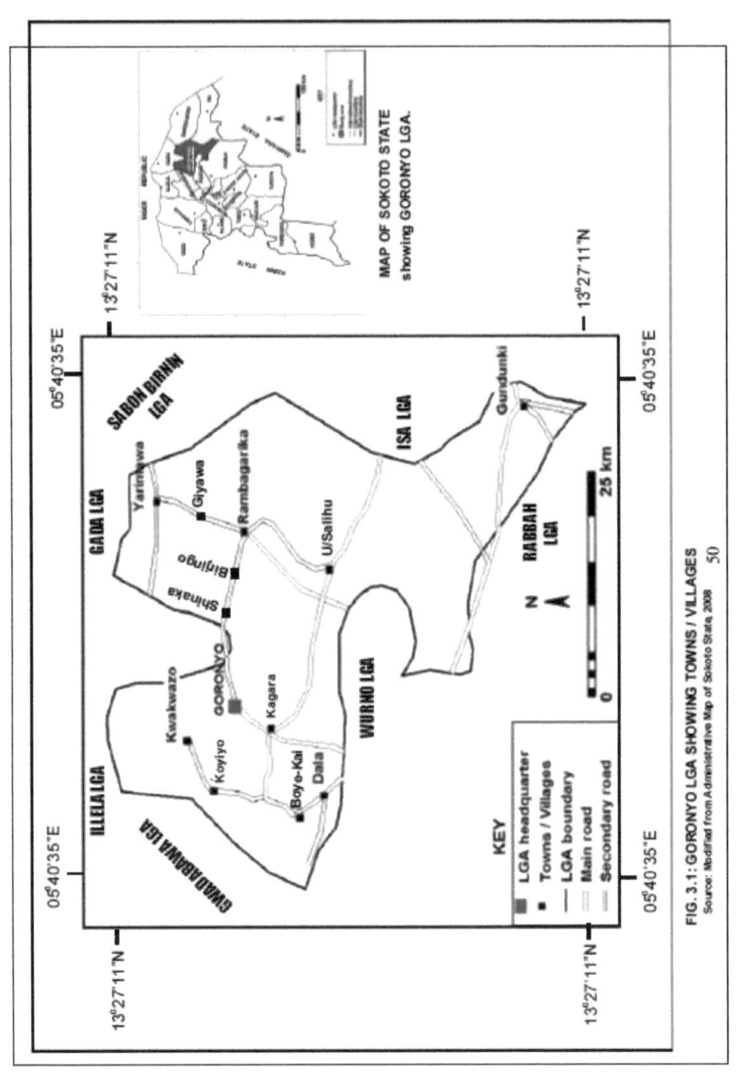

FIG. 3.1: GORONYO LGA MOSTRANDO CIDADES / ALDEIAS
Fonte: Modificado do Mapa Administrativo do Estado de Sokoto, 2008

3.2.3 Drenagem

Goronyo é drenado pelo rio Rima. A barragem de Goronyo apreende a Rima em Goronyo.

A maioria dos afluentes da barragem de Goronyo sobem na parte noroeste do Estado e no vizinho Estado de Zamfara. Enquanto os rios Bunsuru e Gangere fluem na direcção norte, juntando-se à Rima perto dos afluentes Sabon Birni, Sokoto, Zamfara e Ka, por outro lado, fluem na direcção oeste para se juntarem à Rima. Nos seus alcances superiores, todos os afluentes fluem sobre as rochas do complexo de caves. Os seus vales são bastante estreitos e restritos até os rios entrarem na área das rochas sedimentares jovens, onde correm através de amplos vales.

3.2.4 Solos e Vegetação

O solo arenoso com subsolo argiloso é comum, excepto ao longo das planícies inundáveis dos vales dos rios onde predominam os solos aluviais. Ao norte do estado, especialmente ao longo da fronteira com a República do Níger, as planícies onduladas são cobertas por depósitos eólicos de profundidade variável. Estes suportam solos arenosos leves. No entanto, devido à sua localização geográfica, o estado sofre do flagelo da desertificação e de uma seca ocasional. Todo o estado se encontra dentro da savana do Sudão. A vegetação é caracterizada por espécies espinhosas com uma dispersão de espécies de acácia. Os cursos dos rios são forrados com palmeiras, que são intercaladas com uma cobertura herbácea de gramíneas anuais.

3.2.5 Clima

O clima de Goronyo é tropical continental e é dominado por duas massas de ar opostas: tropical marítimo e tropical continental. O tropical marítimo é húmido e sopra do Atlântico, enquanto a massa de ar tropical continental, que é seca, sopra do deserto do Saara.

Goronyo está no Sahel seco, rodeado de savana arenosa e colinas isoladas. Com uma temperatura média anual de 28,3 °C, Goronyo, no seu conjunto, é uma zona muito quente. No entanto, as temperaturas máximas diurnas são durante a maior parte do ano geralmente inferiores a 40 °C e a aridez torna o calor suportável. Os meses mais quentes são de Fevereiro a Abril, quando as temperaturas diurnas podem exceder os 45 °C. A estação das chuvas é de Junho a Outubro. A precipitação anual situa-se entre 500mm no norte e 800mm no sul. Os aguaceiros raramente duram muito e estão longe das chuvas torrenciais regulares conhecidas nas regiões tropicais húmidas. De finais de Outubro a Fevereiro, durante a *estação fria, o* clima é dominado pelo vento Hamattan a soprar pó do Sahara sobre a terra. A poeira reduz a luz solar, baixando assim significativamente as temperaturas e levando também ao inconveniente do pó por todo o lado nas casas.

A linha de vida da área para o cultivo de culturas é a planície de inundação do sistema da barragem de Goronyo, que é coberta com solo aluvial rico. Quanto ao resto, a secura geral da região permite poucas culturas, sendo o painço talvez o mais abundante, complementado por arroz, milho, outros cereais e feijões. Para além do tomate, poucos legumes são cultivados na região. A baixa variedade de alimentos disponíveis resultou numa cozinha local relativamente aborrecida. O tipo de clima predominante no estado de Sokoto pode ser caracterizado por baixa humidade, velocidade moderada do vento e pressão atmosférica (Sani, 2005).

3.2.6 População

Goronyo é principalmente povoado por Hausa, Fulani e pelo povo Zabamarawa. De acordo com o censo de 2006, Goronyo tem uma população de 182, 296 (NPC, 2006). Tem uma densidade populacional de 169,1 Km^2 . A maioria dos residentes do Estado de Sokoto são muçulmanos sunitas, com uma minoria xiita (Encyclopaedia Britannica, 2011).

3.2.7 Actividades económicas

Goronyo é essencialmente uma zona agrícola com modo de produção tradicional predominante com mais de 90 por cento da população envolvida na agricultura de subsistência. As principais culturas produzidas no Estado são o painço, o milho da Guiné, o milho, o arroz, o feijão, o trigo, a mandioca, a batata, o amendoim, o algodão, a cana-de-açúcar, e o tabaco. As frutas e vegetais cultivados na zona incluem mangas, caju, alface, espinafres, quiabo, cebola, couve, papaia e goiaba. Encontra-se aqui um elevado cuidado com o gado.

Mais de setenta por cento (70%) dos habitantes do estado de Sokoto praticam uma forma de agricultura ou outra. Praticam a agricultura mista e a irrigação. O artesanato local, como a ferraria, a tecelagem, a talha, o tingimento, é praticado. Os trabalhos em couro também desempenham um papel importante na vida económica da população do estado. Ao longo do trecho dos rios Sokoto e Rima é praticada a pesca e proporciona um meio de rendimento adicional aos agricultores.

3.3 METODOLOGIA DO ESTUDO

3.3.1 Tipos de dados

Os dados utilizados na investigação são os seguintes:

i. Registos diários de precipitação de Goronyo (1981-2010): Os dados de precipitação diária foram utilizados para estabelecer as tendências da precipitação anual total: datas de início e de cessação, número de dias de chuva e duração da estação chuvosa.

ii. Registos de temperatura de Goronyo (1980-2010): Os dados de temperatura foram utilizados para determinar se a temperatura em Goronyo está a aumentar ou a diminuir.

iii. A percepção de Goronyo e a adaptação dos agricultores de cereais às alterações climáticas. A percepção dos agricultores de cereais ajudou a conhecer a sensibilidade dos agricultores às alterações climáticas e as suas estratégias de adaptação às alterações climáticas.

3.3.2 Fonte de dados

Os registos diários de precipitação e temperatura para o período indicado foram obtidos da Autoridade de Desenvolvimento da Bacia de Sokoto Rima, gabinete de leitura de precipitação, Goronyo, e dos Serviços Meteorológicos Nigerianos (NIMET), Oshodi, Lagos. Enquanto as estratégias de percepção e adaptação dos agricultores às alterações climáticas foram obtidas por meio de questionário estruturado.

3.4 Dimensão da amostra dos inquiridos

Os inquiridos do questionário foram os agricultores de cereais (sorgo, painço e milho) das onze alas da Área de Governo Local de Goronyo. O número de questionários utilizados foi baseado na população da área de estudo. Para determinar o tamanho da amostra para esta pesquisa, foi adoptado o método de Krejcie e Morgan (1970) para determinar o tamanho da amostra, que declara que, para uma área com uma população entre 75, 000 - 999, 999, o tamanho da amostra a ser utilizada é de 382. Uma vez que a população da área de estudo é de 182, 296 que se situam entre estes intervalos, o tamanho da amostra de 382 está em ordem. No entanto, foram utilizados 385 inquiridos para ter uma representação igual em cada ala.

Foi utilizada uma técnica de amostragem propositada para administrar o questionário entre as onze alas da área governamental local. A amostragem intencional, de acordo com Bernard (2002) "é a escolha deliberada de um informador devido à qualidade que o informador possui". Os trezentos e oitenta e cinco (385) questionários foram partilhados proporcionalmente à população de cada ala, mas devido à indisponibilidade de números de população para cada ala dos resultados dos censos de 1991 e 2006, o questionário foi distribuído igualmente entre as onze ala, com 35 questionários em cada ala. Para efeitos de administração do questionário, foram identificados agricultores com mais de trinta (30) anos de idade e que devem ter vivido pelo menos vinte (20) anos dentro da área de estudo, através do "Sarkin Noma" (Chefe dos Agricultores) e dos chefes das aldeias. Isto foi feito perguntando aos agricultores da sua idade e quanto tempo viveram na área. Posteriormente, o questionário foi emitido. A razão para esta decisão é que aqueles dentro da faixa etária têm a informação necessária sobre as alterações climáticas.

O investigador foi assistido por assistentes de campo. Eles pediram uma altura conveniente em que os agricultores pudessem ser recebidos em casa para administrar o questionário.

3.5 Análise Agro-Climatológica

Os dados pluviométricos diários foram utilizados no cálculo da precipitação média mensal e anual para Goronyo. A partir dos dados climáticos, os parâmetros agro-climáticos derivados da eficácia da precipitação foram calculados de acordo com os seguintes métodos:

Início, cessação e duração da estação das chuvas:

A definição de Onset, Cessação e Duração da Estação das Chuvas (LRS) em climas tropicais tem sido problemática devido à natureza intermitente e irregular da precipitação na região. Estes três termos foram definidos de várias maneiras para diferentes fins pelos investigadores. Onset refere-se ao tempo em que um local recebe uma quantidade acumulada de precipitação suficiente para o cultivo de culturas. Não é o primeiro dia em que a chuva cai. Cessação significa o fim da estação chuvosa efectiva. Não implica a queda de chuva no último dia, mas quando a precipitação já não pode ser assegurada ou ser eficaz. A duração da estação chuvosa é o período entre as datas de início e de cessação (ou seja, a diferença entre as datas de início e as datas de cessação da estação chuvosa). Vários métodos abundam para a determinação do início, cessação e duração da estação chuvosa exemplo: (Walter, 1967; Ilesanmi, 1972; Kowal e Knabe, 1972; Stern *et al.*, 1982b; Stern e Coe, 1982; Olaniran, 1984, 1988; Sivakumar; 1988 e Adefolalu, 1993).

Adefolalu (1993) aplicou o método ogive e determinou o início da época de crescimento para alguns lugares no norte da Nigéria. Aqui, os meses do ano são divididos em pentadões utilizando o calendário pentad. A precipitação de pentad foi calculada para cada pentad e acumulada. Um ogiva foi então construído a partir disto. Os pontos no eixo do pentad correspondentes ao primeiro e último pontos de inflexão máxima no ogiva deram os pentad de início e de cessação, respectivamente. Enquanto a última data no pentad de início dá a data exacta do início das chuvas, a primeira data no pentad de cessação dá a data exacta da cessação da estação das chuvas. De acordo com Adefolalu (1993), a duração da estação chuvosa é o período entre as datas de início e de cessação das chuvas. A duração da estação chuvosa é obtida subtraindo o pentad de início do pentad de cessação e multiplicando a diferença por 5 (ou seja, o número de dias num pentad. Observou que o método ogive é mais preciso do que os outros (Sawa e Adebayo, 2011). Assim, esta foi a abordagem utilizada para a determinação do início, cessação e duração da época de crescimento neste estudo.

3.6 Técnicas Analíticas

A análise e apresentação das informações do questionário foi feita por meio de estatísticas descritivas e inferenciais:

i. Tendências de precipitação média anual: início, datas de cessação, duração da estação chuvosa e temperaturas utilizando análise de séries temporais foram determinadas.

ii. As linhas de tendência e as equações das linhas de tendência foram localizadas para determinar a direcção da mudança nestes parâmetros.

iii. Para apresentar as várias estratégias de adaptação agrícola utilizadas pelos agricultores para fazer face às alterações climáticas, foi utilizada a análise percentual. Os dados foram resumidos e apresentados em tabelas, gráficos, percentagens.

CAPÍTULO 4

RESULTADOS E DISCUSSÃO

4.1 Introdução

Este capítulo apresenta e discute os resultados obtidos. Foram apresentadas e discutidas as características de precipitação e temperatura, os dados biológicos dos agricultores amostrados, a percepção dos agricultores sobre as alterações climáticas, as estratégias de adaptação feitas pelos agricultores para lidar com as alterações climáticas e as barreiras às estratégias de adaptação.

4.2 Caracterização da pluviosidade e temperatura

Na agricultura, alguns dos aspectos mais importantes da precipitação que são úteis na tomada de decisões são as datas de início e de cessação das chuvas também conhecidas como "início e fim da estação de cultivo" respectivamente Olaniran 1984 em Ifabiyi e Omoyosoye 2011. A combinação destes dois determina a duração da estação das chuvas (LRS) (Yahaya e Abubakar 2012). A precipitação e a temperatura da área de estudo foram caracterizadas. Os dados sobre a precipitação foram utilizados na determinação dos parâmetros (início, cessação, precipitação anual, duração anual da estação chuvosa e número total anual de dias de chuva) e discutidos abaixo. O quadro 4.1 mostra as características da precipitação e a temperatura máxima e mínima média média da área de estudo.

Quadro 4.1: Características da precipitação e da temperatura de Goronyo, 1981 - 2010

Anos	**Pluviometria anual total (mm)**	**Número total anual de Dias de chuva**	**Datas de início**	**Datas de Cessação**	**Duração Anual da Época de Chuvas (dias)**	**Média Max. Temperatura e (°C)**	**Média Min. Temperatura e (°C)**
1981	556.9	21	20th Maio	30th Set.	133	34.8	21.5
1982	519.7	18	20th Maio	31st Oct.	164	35	22.1
1983	620.7	20	31st Março	20th Set.	173	35.4	22.5
1984	263.4	12	10th Maio	5th Oct.	148	35.7	22.8
1985	434.8	22	15th Maio	30th Set.	138	35	22.9
1986	439.4	19	31st Maio	5th Nov.	158	35.2	23.1
1987	285.77	24	15th Maio	30th Set.	138	36.1	22.2
1988	520.6	16	5th Junho	5th Set.	92	35	22.9
1989	376.5	16	15th Junho	20th Set.	97	34.3	22
1990	508.7	20	10th Maio	5th Oct.	148	35.5	22.9
1991	480.64	23	30th Abril	10th Oct.	163	35	22.8
1992	423.26	18	15th Maio	15th Oct.	153	34.1	22.3
1993	397.3	18	25th Maio	30th Set.	128	35.4	22.6
1994	905.2	22	5th Junho	25th Oct.	142	35.1	22.7
1995	336.8	18	25th Abril	30th Set.	158	36	22.5
1996	692.25	22	30th Abril	20th Set.	143	36	21.8
1997	641	30	25th Abril	31st Oct.	189	38.9	22.2
1998	658.5	19	25th Abril	25th Set.	153	35.7	23.1
1999	592	21	5th Junho	10th Oct.	127	35.5	22.4
2000	407.7	18	15th Junho	15th Oct.	122	34.9	22.1
2001	721.7	22	20th Abril	25th Set.	158	35.5	22.6
2002	568.5	21	5th Junho	20th Oct.	137	35.8	22.7
2003	344.14	14	20th Abril1	30th Set.	163	32.4	22.8
2004	649.5	25	30th Abril	5th Oct.	158	36.4	22.5
2005	609.2	26	5th Maio	10th Oct.	158	36	23.1
2006	740	24	20th Maio	5th Oct.	138	35.9	22.8
2007	636.4	25	10th Abril	25th Set.	199	35.9	23.3
2008	514.6	30	30th Abril	10th Oct.	163	32.1	22.7
2009	567.3	28	5th Maio	5th Nov.	184	36.5	23.9
2010	1,496.5	24	5th Junho	31st Oct.	148	36	23.1
Média	**563.6**	**21**	**11th Maio**	**7th Oct.**	**149**	**35.4 C^{O}**	**22.6 C^{O}**

(**Fonte**, inquérito de campo 2012)

4.2.1 Datas de início das chuvas em Goronyo

A tendência linear e a equação da linha de tendência para as datas de início da estação das chuvas na área de estudo são mostradas na fig. 4.1,

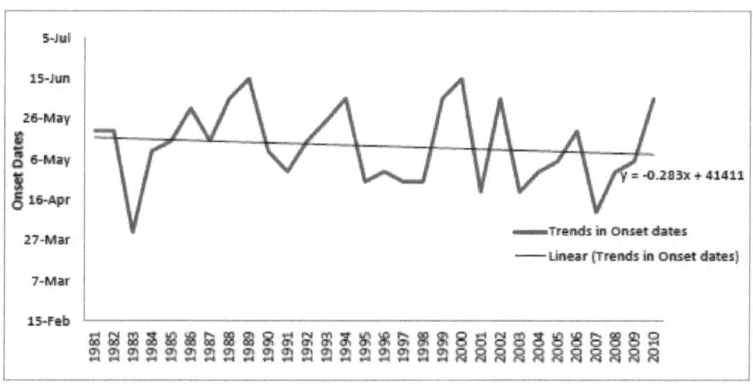

Fig. 1: : Tendências das Datas de Pluviosidade em Goronyo (1981 - 2010)

A Figura 4.1 indica claramente uma tendência decrescente nas datas de início (ou seja, as chuvas estão agora a chegar tarde). A primeira data de início da chuva na área de estudo dentro dos 30 anos de estudo, como mostra o quadro 4.1, é 31st de Março, (1983). Enquanto a data de início tardio dentro dos 30 anos de estudo é 15th de Junho. A data média de início é 11th de Maio. Isto significa que a preparação do terreno para plantação pode ser feita entre 31st de Março e 11th de Maio. A plantação efectiva dos grãos (milho, sorgo e milho) pode contudo ser efectuada a partir de 11th de Maio (a data média de início das chuvas na área de estudo dentro dos trinta anos de estudo). Isto porque a chuva pode não ser estável até 11 de Maio.th

Maio para efeitos de produção de culturas.

4.2.2 Datas de Cessação

As datas de cessação, também conhecidas como o final da época de cultivo para a área de estudo são mostrado na figura 4.2,

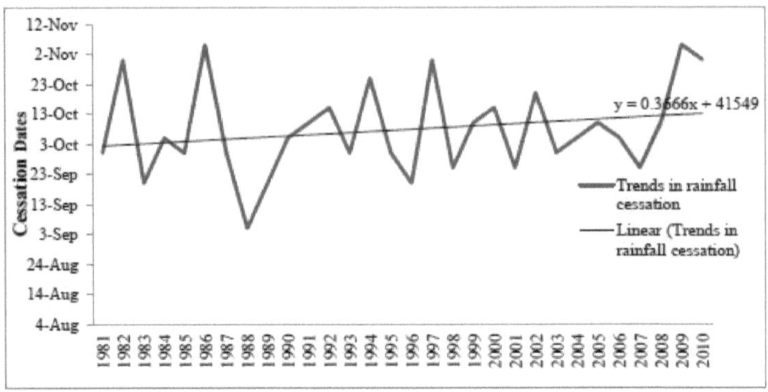

Fig. 2: : Tendências em Datas de Cessação de Chuva em Goronyo (1981 - 2010)

A primeira data de cessação em Goronyo ocorreu a 5th de Setembro (1984), enquanto a última data de cessação ocorreu (duas vezes dentro dos 30 anos de estudo) a 5th de Novembro (1986 e 2009). A data média de cessação da precipitação em Goronyo dentro dos trinta anos de estudo é 7th de Outubro. Como mostra o quadro 4.1, as datas de cessação na área de estudo dentro dos 30 anos de estudo ocorrem entre 5th de Setembro e 5th de Novembro. Estes períodos de anomalias, ou seja, cessação antecipada, podem afectar a produção de grãos na área de estudo.

4.2.3 Duração da estação das chuvas

A tendência linear e a equação da linha de tendência para a duração da estação das chuvas é mostrada na figura 4.3.

A partir desta figura, observa-se que a linha de tendência para a duração da estação das chuvas está a aumentar.

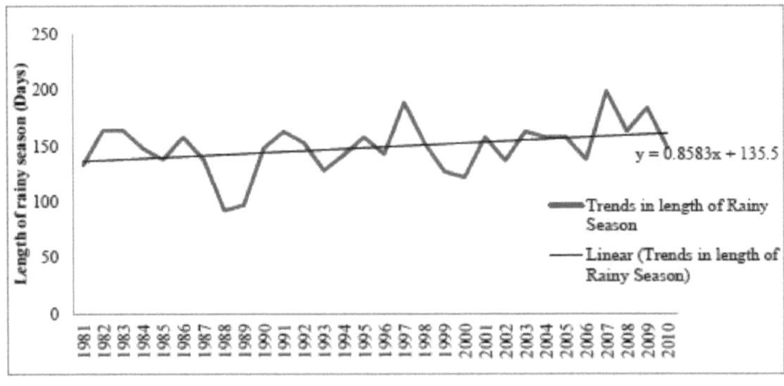

Fig. 3: : Tendência em Duração da Temporada de Chuva em Goronyo (1981 - 2010)
Fonte: Inquérito de campo, Agosto de 2010

A equação da linha de tendência linear para a duração da estação das chuvas é y = 0,858x + 135,5. Esta equação da linha de tendência positiva indica ainda que a duração da estação das chuvas está a aumentar em Goronyo. A maior duração da estação chuvosa nos 30 anos de estudo foi registada em 2007 (199 dias dos 365 dias desse ano), enquanto a duração mais curta da estação chuvosa foi registada em 1988, com 92 dias. A duração média da estação chuvosa (dias) é de 149 dias.

4.2.4 Número de dias de chuva

As tendências do número anual de dias de chuva em Goronyo para o período de 30 anos são apresentadas na figura 4.4.

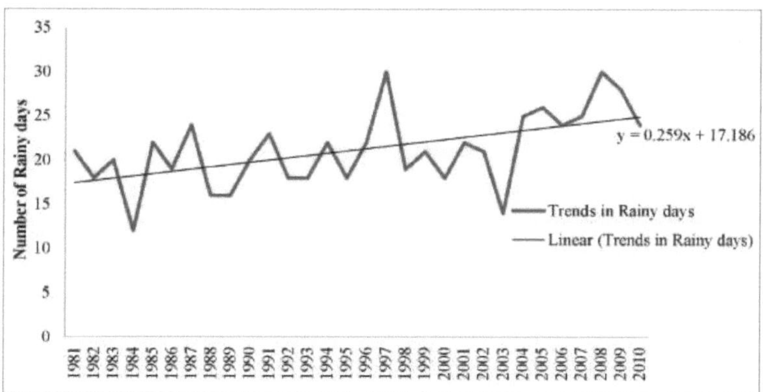

Fig: 4.4: Tendências em número de dias de chuva em Goronyo (1981 - 2010)
Fonte: Inquérito de campo, Agosto de 2012.

A figura 4.4 indicou uma tendência ascendente no número de dias de chuva. Uma equação da linha de tendência positiva de y = 0,259x + 17,18 implica que o número de dias de chuva está a aumentar na área. No quadro 4.1 o número anual de dias de chuva em Goronyo varia entre (12-30 dias). O número total anual mais elevado de dias de chuva é de 30 dias, tendo sido registado em 1997 e 2008. Enquanto o número mais baixo (12 dias) ocorre em 1994. O número médio anual de dias de chuva na área de estudo é de 21 dias. Foi discutido no capítulo dois desta investigação que o painço requer o mínimo de 60-70 dias de chuva para um cultivo e rendimento efectivos, o sorgo requer 80 dias de chuva e o milho 80-100 dias de chuva. Seguindo os registos de dias de chuva apresentados no quadro 4.1, a duração da estação chuvosa em Goronyo pode não favorecer o cultivo de culturas com sistema radicular da torneira, tais como painço, sorgo e milho. Daí, a necessidade de uma estratégia de adaptação aos cenários de mudança climática em Goronyo. Entre as três culturas - painço, sorgo e milho - o número de dias de chuva em Goronyo favorece mais a produção de painço. É por isso que o painço continua a ser a cultura favorita e mais cultivada entre os produtores de cereais em Goronyo, porque caracteristicamente, o painço está melhor adaptado do que a maioria das outras culturas a solos inférteis secos, temperaturas elevadas, precipitação baixa e errática, estações de crescimento curtas e solos ácidos com fraca capacidade de retenção de água.

4.2.4 Pluviometria anual

As tendências da precipitação anual total de Goronyo para o período de trinta anos são apresentadas em

figure 4.5

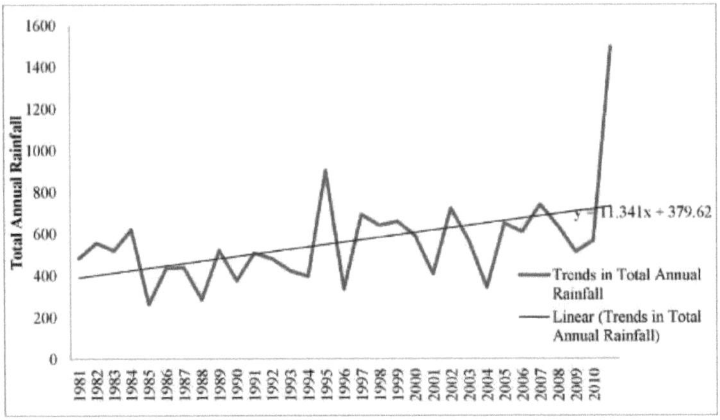

Fig. 4.5: Tendências da precipitação anual total (mm) em Goronyo (1981 - 2010)
Fonte: Inquérito de campo, Agosto de 2012

As tendências da fig. 4.4 mostram um aumento da quantidade de precipitação anual. A equação da linha de tendência mais adequada é y = 11,34x + 379,6. A equação positiva implica que a pluviosidade anual está a aumentar. Mais ainda, na tabela 4.1, a maior precipitação foi registada em 2010

(1.496,5mm), enquanto que 1984 teve a menor precipitação (263,4mm). A precipitação média anual durante o período do estudo é de 563,6mm. Esta quantidade é inferior ao mínimo exigido para o cultivo de sorgo e milho na área do estudo. O painço requer o mínimo de 300mm de precipitação, sorgo 400-600 e milho 500-750mm. Isto implica então que o rendimento do painço foi baixo nos anos em que a precipitação anual foi de 300mm. Após o registo anual de precipitação no quadro 4.1, 1984 e 1987 são anos maus para a produção de painço, uma vez que o total anual foi inferior a 300mm para a produção de painço. Enquanto 1984, 1987, 1989, 1993, 1995 e 2003 foram anos maus para a produção de sorgo e milho. Estes atestam o facto de que apenas 11 dos 382 agricultores de Goronyo cultivam sorgo e 18 agricultores cultivam milho na área de estudo (a barragem de Goronyo favorece o cultivo de milho através do sistema de irrigação). Nesta condição, os agricultores de Goronyo teriam de implorar várias estratégias adaptativas para lidar com a inconsistência no padrão de precipitação.

4.2.5 Temperatura Média Anual

A temperatura média máxima em Goronyo, como mostra a fig. 4.6, indica uma tendência crescente com um aumento de cerca de um grau Celsius (1^0 C). A temperatura desempenha um papel significativo na agricultura e nas questões de estratégia de adaptação às alterações climáticas. Em geral, temperaturas mais elevadas estão associadas a maior radiação e maior utilização de água. A temperatura máxima mais elevada nos 30 anos de estudo é de $38,9^O$ C (1997), enquanto a temperatura máxima mais baixa foi de 32,4 (2003). A temperatura média para os 30 anos de estudo é de 35,4 $C.^O$

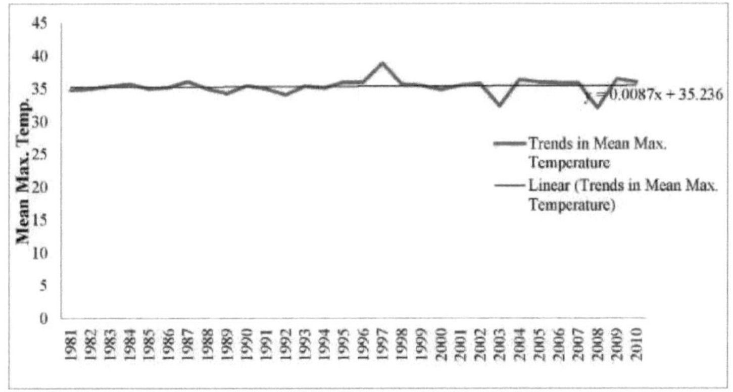

Fig. 4.6: Tendências em Temperatura Média Máxima (1981 - 2010)
Fonte: Inquérito de campo, Agosto de 2012

As variáveis climáticas (temperatura e pluviosidade) determinam se a agricultura de sequeiro será ou não bem sucedida numa determinada área. Todas as fases da produção agrícola, desde a limpeza e preparação da terra, passando pelo crescimento e gestão das culturas até à colheita, armazenamento, transporte e comercialização de produtos agrícolas, estão sujeitas à influência do clima e das condições meteorológicas. O tempo e o clima actuam tanto como um recurso como um constrangimento à produção agrícola.

4.3. Dados Biológicos dos Respondentes

As características dos agricultores desempenham um papel importante (positivo ou negativo) nas suas práticas agrícolas.

Geralmente, as características dos agricultores consideradas como tendo um impacto diferencial nas decisões de adopção ou adaptação são a idade, o nível de educação, o sexo do agricultor, e os anos de experiência agrícola. Estas são discutidas sucintamente a seguir.

4.3.1 Idade dos Respondentes

De acordo com Adesina e Forson (1995), a idade desempenha um papel importante nas práticas agrícolas e nas estratégias para enfrentar as alterações climáticas. É geralmente aceite que a idade influencia negativamente a decisão de adoptar novas estratégias. Pode acontecer que os agricultores mais velhos sejam mais avessos ao risco e menos flexíveis do que os agricultores mais jovens, tendo assim menor probabilidade de adoptar novas tecnologias. Num outro caso, a idade pode influenciar positivamente a decisão de adoptar. Pode também acontecer que os agricultores mais velhos tenham mais experiência na agricultura e sejam mais capazes de avaliar as características do clima da área de estudo e as estratégias adaptativas modernas do que os agricultores mais jovens e, portanto, uma maior probabilidade de adoptar as estratégias. O quadro 4.2 apresenta a idade dos inquiridos.

Tabela 4.2: Idade dos inquiridos

S/N	Idade	Número de Respondentes	Percentagem (%)
a)	31 - 40	189	49.5
b)	41 - 50	120	31.4

c)	50 e mais	73	19
	Total	382	100

Fonte: Inquérito de campo, Agosto de 2012.

A Tabela 4.2 mostra as idades dos inquiridos; 49,5% dos inquiridos têm entre 31 e 40 anos, 31,4% dos inquiridos têm entre 41 e 50 anos, enquanto apenas dezanove por cento dos inquiridos têm mais de cinquenta anos de idade. Isto significa então que a maioria dos agricultores de cereais amostrados na área do estudo está dentro da faixa etária de 31-50 anos - que se poderia dizer ser uma faixa etária activa.

4.3.2 Género dos Respondentes

O sexo dos agricultores de cereais em Goronyo também é apresentado no quadro 4.4

Quadro 4.3: Género dos Respondentes

S/N	Género	Número de Respondentes	Percentagem (%)
a)	Sexo masculino	369	97
b)	Feminino	13	03
	Total	382	100

Fonte: Inquérito de campo, Agosto de 2012.

Do quadro 4.3, noventa e sete por cento são homens, enquanto que três por cento são mulheres. "O sexo dos agricultores é uma hipótese para influenciar a decisão de adoptar mudanças. A forma como o género influencia a adaptação é específica da localização. Vários estudos em África demonstraram que as mulheres têm menos acesso a recursos críticos (terra, dinheiro e trabalho), o que muitas vezes prejudica a sua capacidade de realizar inovações agrícolas de mão-de-obra intensiva" (De Groote e Coulibaly 1998). Contudo, um estudo recente de Nhemachena e Hassan (2007) baseado na África Austral, descobriu que as agricultoras são mais propensas a adoptar métodos de adaptação às alterações climáticas do que os homens. Segundo os autores, a razão possível para esta observação é que na maioria das comunidades rurais de pequenos agricultores da região, os homens estão mais frequentemente baseados nas cidades, e grande parte do trabalho agrícola é feito por mulheres. Portanto, as mulheres têm mais experiência agrícola e informação sobre várias práticas de gestão e como mudá-las, com base na informação disponível sobre condições climáticas e outros factores, tais como mercados e necessidades alimentares dos agregados familiares. Embora, apenas 3% dos agricultores da amostra na área de estudo sejam mulheres, enquanto os restantes 97% são homens.

4.3.3 Estado civil dos arguidos

A tabela 4.4 mostra o estado civil dos inquiridos.

Quadro 4.4: Estado civil dos arguidos

S/N	Estado	Número de Respondentes	Percentagem (%)
a)	Casado	333	87
b)	Divorciado	18	05
c)	Único	26	07
d)	Viúva	5	1
	Total	382	100

Fonte: Inquérito de campo, Agosto de 2012.

Quanto ao estado civil dos inquiridos na tabela 4.4, oitenta e sete por cento são casados; cinco por cento são divorciados; sete por cento dos inquiridos são solteiros e apenas um por cento são viúvos.

4.3.4 Situação educacional

O nível superior de educação é muitas vezes hipotético para aumentar a probabilidade de adoptar novas estratégias (Adesina e Forson 1995). De facto, espera-se que a educação aumente a capacidade de receber, descodificar e compreender informações relevantes para a tomada de decisões inovadoras (Wozniak 1984). Os níveis educacionais dos agricultores são apresentados no quadro 4.5.

Tabela 4.5: Qualificação Educacional dos Respondentes

S/N	Qualificação	Número de Respondentes	Percentagem (%)
a)	Primário	79	20.7
b)	Secundário	98	26
c)	Terciário	09	2.3
d)	Corânico	186	49
e)	Nenhum	10	02
	Total	382	100

Fonte: Inquérito de campo, Agosto de 2012.

O quadro 4.5 revelou que 20,7% têm o ensino primário como a sua qualificação educacional mais elevada; vinte e seis por cento possuem o ensino secundário; quarenta e nove por cento possuem o ensino corânico e apenas dois por cento não possuem qualquer qualificação educacional.

4.3.5 Religião

A religião dos agricultores de cereais em Goronyo é apresentada no quadro 4.6.

Tabela 4.6; Religião dos inquiridos

S/N	Religião	Número de Respondentes	Percentagem (%)
a)	Cristianismo	06	1.5
b)	Islão	369	96.5
c)	Religião tradicional	7	02
	Total	382	100

Fonte: Inquérito de campo, Agosto de 2012.

De acordo com o quadro 4.6, 96,5% são muçulmanos, 1,5% são cristãos e dois por cento são tradicionalistas.

4.3.6 Duração da Residência em Goronyo

O inquérito também descobriu a duração da residência em Goronyo por parte dos agricultores de cereais. Isto é apresentado no quadro 4.7,

Quadro 4.7: Duração da Residência em Goronyo

S/N	Duração	Número de Respondentes	Percentagem (%)
a)	20 - 30 anos	76	19.8
b)	31 anos e mais	306	80.1
	Total	382	100

Fonte: Inquérito de campo, Agosto de 2012.

A partir do quadro 4.7, pôde-se observar que 19,8% dos 382 agricultores de grãos amostrados viveram em Goronyo no período de 20-30 anos, enquanto 80,1% viveram em Goronyo durante 31 anos ou mais. A razão para esta decisão de amostragem de agricultores que devem ter vivido em Goronyo durante 20 anos ou mais é que aqueles dentro da faixa etária têm a informação necessária sobre as alterações climáticas e as estratégias de adaptação viáveis na área de estudo.

4.4 Grandes Culturas Produzidas

A principal cultura de cereais produzida pelos produtores de cereais de Goronyo foi investigada e apresentada no quadro 4.8.

Quadro 4.8: Principais culturas cultivadas por agricultores de cereais em Goronyo

S/N	Cultura popular	Número de Respondentes	Percentagem (%)
a)	Millet	339	89
b)	Milho	18	05

c)	Sorgo	11	2.5
d)	Outros	14	3.5
	Total	382	100

Fonte: Inquérito de campo, Agosto de 2012.

O quadro 4.8, mostra as culturas favoritas cultivadas pelos agricultores. Oitenta e nove por cento declararam que o painço é a sua cultura favorita; cinco por cento declararam que o milho é a sua cultura favorita, enquanto 2,5 por cento assinalaram o sorgo e 3,5 por cento assinalaram outras. A maior parte dos famintos praticava a cultura mista. O milho é cultivado principalmente como cultura de regadio ao longo da área da barragem de Goronyo, na área de estudo.

4.5 Cultivo de culturas

Sobre a razão pela qual os agricultores da amostra preferiram cultivar painço a cultivar sorgo e milho em Goronyo, fig. 4.7 mostra que um grande número dos agricultores (vinte e sete por cento) cultiva painço devido ao seu elevado rendimento em comparação com o sorgo e o milho. Vinte e quatro por cento cultivam painço porque é resistente à seca, vinte e três por cento cultivam painço pelo seu valor económico e doméstico sobre o sorgo e o milho, vinte e cinco por cento cultivam painço porque requer pouco esforço e manutenção, enquanto que apenas um por cento cultiva painço por outras razões pessoais.

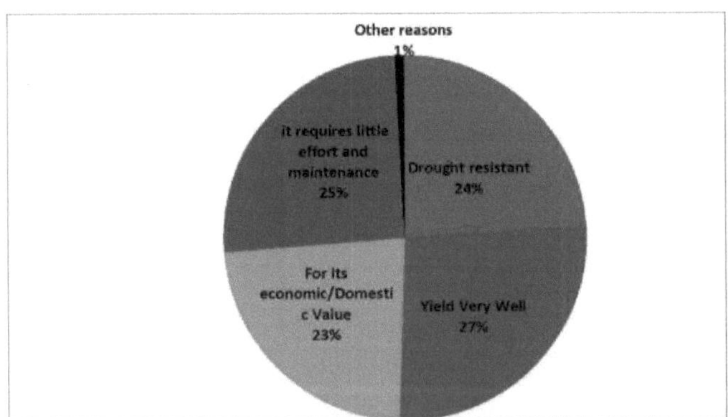

Fig. 4.7: Razões dos Agricultores para cultivar o Millet Source: Levantamento de campo, Agosto de 2012.

4.5.1 Duração do Cultivo de painço de cultivo pelos agricultores

A experiência agrícola aumenta a probabilidade de aceitação de todas as opções de adaptação porque os agricultores experientes têm melhor conhecimento e informação sobre as mudanças nas condições climáticas, práticas de gestão de culturas e gado (Nhemachena e Hassan 2007). O quadro 4.9 apresenta a duração do cultivo de painço em Goronyo por parte dos produtores de cereais.

Quadro 4.9: Duração do Cultivo de painço de cultivo pelos agricultores

S/N	Duração	Número de Respondentes	Percentagem (%)
a)	1 -5 anos	19	05
b)	6 - 10 anos	34	9.4
c)	11 - 15 anos	77	21.2
d)	16 - 20 anos	82	23
e)	20 anos e mais	150	41.4
	Total	362	100

Fonte: Inquérito de campo, Agosto de 2012.

Foi também perguntado aos produtores de painço há quanto tempo produzem a cultura - painço. Cinco por cento têm cultivado painço entre 1-5 anos; 9,4 por cento entre 6-10 anos; 21,2 por cento 11-15 anos; vinte e três por cento 16-20 anos; e 41,4 por cento têm vindo a cultivar painço durante o período de vinte anos ou mais.

4.5.2 Rendimento médio por ano

O rendimento médio dos agricultores na produção de painço por ano também foi investigado e apresentado no quadro 4.10.

Tabela 4.10: Média de sacos de grãos colhidos pelos inquiridos por ano

S/N	Sacos	Número de Respondentes	Percentagem (%)
a)	1 - 5	52	14
b)	6 - 10	93	24
c)	11 - 15	54	14
d)	16 - 20	60	16
e)	20 sacos ou mais	123	32
	Total	382	100

Fonte: Inquérito de campo, Agosto de 2012.

Como mostra o quadro 4.10, catorze por cento de colheita anual entre 1-5 sacos de grãos no mesmo pedaço de terra; vinte e quatro por cento de colheita entre 6-10 sacos; catorze por cento de colheita 1115 sacos; dezasseis por cento de colheita 16-20 sacos, e 32 por cento de colheita 20 sacos ou mais de grãos anualmente. Isto significa que, a maioria dos agricultores de grãos em Goronyo, colhem anualmente cerca de 20 sacos de grãos ou mais.

4.5.3. Mudança do Padrão de Rendimento

O quadro 4.11 apresenta a resposta dos agricultores sobre a alteração do padrão de rendimento na produção de painço em Goronyo.

Quadro 4.11: A Colheita Anual está a Aumentar ou a Diminuir?

S/N	Condição	Número de Respondentes	Percentagem (%)
a)	Diminuindo	150	39
b)	Aumentando	208	54.5
c)	Continua o mesmo	24	6.3
	Total	382	100

Fonte: Inquérito de campo, Agosto de 2012.

O quadro 4.11 revela que, um bom número de agricultores (54,5%) declarou que a sua colheita anual está a aumentar; trinta e nove por cento declarou que a colheita anual está a diminuir; enquanto que apenas 6,3% declarou que a sua colheita anual permanece o mesmo ano dentro, ano fora. Os inquiridos foram capazes de dar razões para o aumento do rendimento dos grãos, como se mostra na figura 4.7 abaixo. Sessenta e nove por cento declararam que a precipitação precoce é responsável pelo elevado rendimento de grãos em Goronyo; vinte e um por cento observaram que a elevada precipitação é responsável pelo aumento do rendimento; sete por cento assinalaram a alta temperatura como razão para o elevado rendimento de grãos, enquanto que apenas três por cento

ticked other reasons as shown in figure 4.7 below.

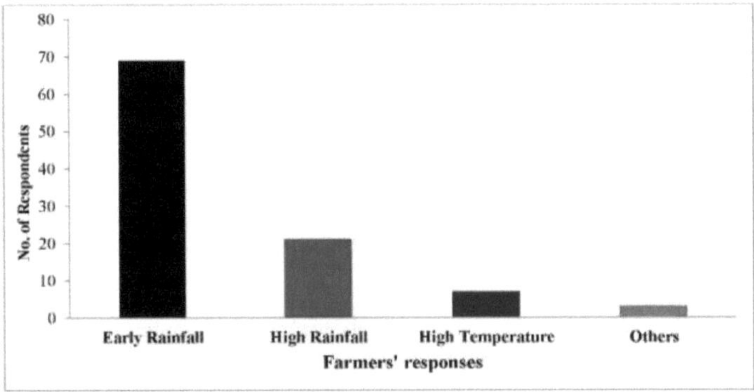

Fig. 4.8: Razões dos Agricultores para o Aumento da Fonte de Rendimento dos Grãos: Levantamento de campo, Agosto de 2012

4.6 Percepção dos Agricultores de Grãos sobre as Alterações Climáticas

A percepção dos produtores de cereais sobre os vários índices meteorológicos e climáticos foi recolhida e apresentada no quadro 4.12

Quadro 4.12: Percepção dos Agricultores sobre o Tempo e Índices Climáticos

S/N	MATERIAIS	A	D	U	SA	SD	TOTAL
1.	O ambiente está a mudar devido às actividades humanas	214(56%)	106 (22.7%)	39(10%)	22 (5.8%)	01 (00.0%)	382(100%
2.	O início das chuvas está agora a chegar tarde	241 (63%)	74(19.4%)	53 (13.9%)	13 (3.4%)	01 (00.0%)	382(100%)
3.	O número de dias/meses de chuva está a aumentar	213 (55.8%)	73 (19%)	63 (16.5%)	18 (4.7%)	16(4%)	382(100%)
4.	A temperatura está a subir	127 (33%)	116(30%)	61 (16%)	40 (10.5%)	38 (10%)	382(100%)
5.	A quantidade de precipitação em comparação com os últimos dez anos está a diminuir	130(34%)	142 (37%)	67 17.5%)	23 (6%)	20 (5.2%)	382(100%)
6.	O tempo está a ficar mais seco	165 (43%)	84 (22%)	62(16%)	42(11%)	29 (8%)	382(100%)
7.	As chuvas anuais não estão a apoiar a produção de culturas como antes	236 (62%)	54 (14%)	53 (14%)	28 (7.3%)	11 (3%)	382(100%)
8.	A mudança do clima levou à infestação de culturas e doenças por pragas	194 (51%)	72(19%)	88 (23%)	25 (6%)	03 (0.1)	382(100%)
9.	Tem havido um aumento da incidência de cheias durante a estação chuvosa	219(57%)	63 (16%)	34 (9%)	18(5%)	48 (13%)	382(100%)

Fonte: Inquérito de campo Agosto, 2012.

Onde,
A- Concordado
D- Discordo
U- Indecidido
SA- Fortemente Acordado
SD - Altamente discordante.

No total, sessenta e três por cento observaram que o início da precipitação está agora a chegar tarde ao longo dos anos; 58,8% notaram um aumento no número de dias/meses de chuva ou uma estação chuvosa mais longa. Apenas trinta e quatro por cento concordaram que a quantidade de precipitação em comparação com os últimos dez anos estava a diminuir. Sessenta e dois por cento concordaram que as chuvas anuais não apoiam a produção agrícola como antes; catorze por cento discordaram, 13,8 por cento ficaram indecisas; sete por cento concordaram fortemente; apenas três por cento discordaram fortemente que as chuvas anuais não apoiam a produção agrícola como antes. Muitos inquiridos cinquenta e sete por cento observaram que houve um aumento da incidência de cheias durante a estação chuvosa, uma vez que apenas dezasseis por cento discordaram e apenas nove por cento dos inquiridos estavam indecisos. Cerca de trinta e três por cento dos agricultores de grãos amostrados concordaram que a temperatura em Goronyo está a subir; contra os trinta por cento que discordaram que a temperatura está a subir.

4.6.1 Sensibilização para as alterações climáticas

A adaptação às alterações climáticas exige que os agricultores que utilizam técnicas tradicionais de produção agrícola notem primeiro que o clima se alterou. Os agricultores precisam então de identificar as adaptações potencialmente úteis e implementá-las. O quadro 4:13 mostra a sensibilização dos agricultores de cereais para as alterações climáticas.

Quadro 4.13: Sensibilização dos inquiridos para as alterações climáticas

S/N	Awareness	Número de Respondentes	Percentagem (%)
a)	Sim	375	98
b)	Não	7	02
	Total	382	100

Fonte: Inquérito de campo, Agosto de 2012.

Como mostra o quadro 4.12, um grande número dos agricultores está consciente de que o clima está a mudar, pois noventa e oito por cento dos agricultores atestam este facto e apenas dois por cento são de opinião contrária que o clima não está a mudar.

4.6.2 Fontes de Sensibilização para as Alterações Climáticas

Das muitas fontes de informação disponíveis para os agricultores sobre questões relacionadas com as alterações climáticas em

Goronyo, a observação pessoal é a mais importante, seguida de interacção com os amigos. Isto

é apresentado na fig. 4.8.

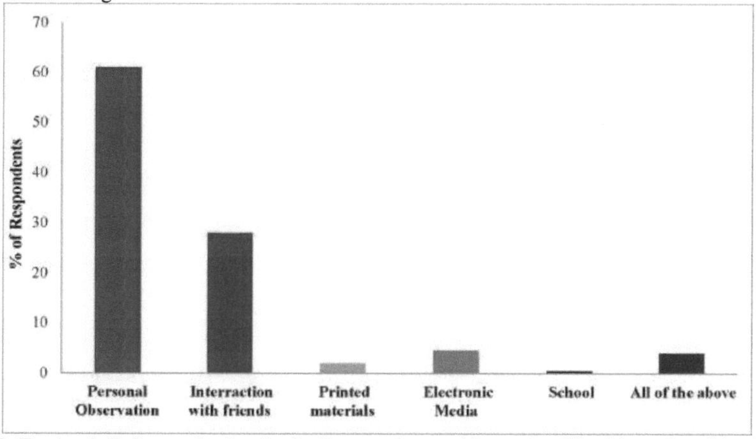

Fig. 4.9: Fontes de Informação dos Agricultores sobre as Alterações Climáticas: Inquérito de campo, Agosto de 2012.

Da figura 4.9, descobriu-se que a maioria dos agricultores (sessenta e um por cento) obteve a sua fonte de informação sobre as alterações climáticas a partir da observação pessoal; vinte e oito por cento a partir da interacção com amigos; dois por cento a partir de material impresso; 4,5 por cento a partir de meios electrónicos; 0,5 por cento a partir da escola e quatro por cento a partir de todas as fontes acima mencionadas.

4.6.2 Aceitação de Estratégias de Adaptação às Alterações Climáticas

Sobre a possibilidade de adaptação às alterações climáticas, o quadro 4.14 demonstra que noventa e oito por cento declarou que é possível adaptar-se às alterações climáticas, enquanto apenas 0,2% não concordou que é possível adaptar-se às alterações climáticas.

Quadro 4.14: Aceitação pelos inquiridos de estratégias de adaptação às alterações climáticas

S/N	Resposta	Número de Respondentes	Percentagem (%)
a)	Sim	375	98
b)	Não	07	02
	Total	382	100

Fonte: Inquérito de campo, Agosto de 2012.

4.6.3 Principais Estratégias de Adaptação às Alterações Climáticas pelos Agricultores

Não há dúvida de que as estratégias de adaptação podem reduzir os impactos das alterações climáticas e aumentar os benefícios. Como se mostra na figura 4.9, a rotação de culturas, a cultura mista, a utilização de variedades melhoradas de sementes, a mudança de culturas, o acesso à água para irrigação, a utilização de fertilizantes orgânicos e inorgânicos, o acesso ao empréstimo de crédito são as principais estratégias de adaptação às alterações climáticas adoptadas pelos agricultores em

Goronyo, tal como apresentado na Fig. 4.9:

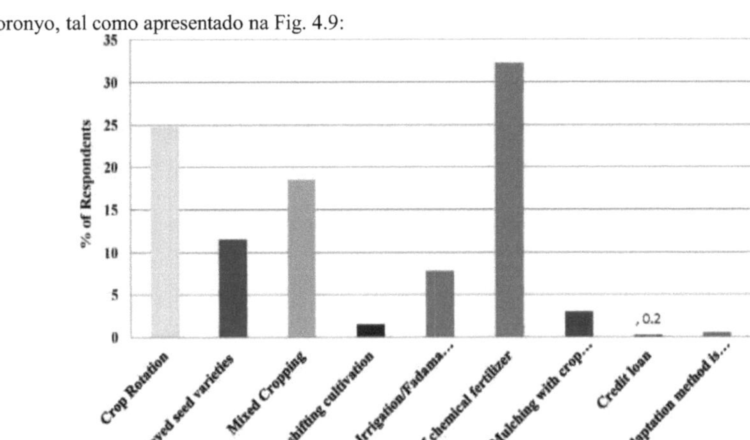

Fig. 4.10: Estratégias dos Agricultores para se Adaptarem às Alterações Climáticas na Origem da Produção de Grãos: Inquérito de campo, Agosto de 2012.

Como estratégias de adaptação às alterações climáticas na produção de cereais, 18,6% praticam a cultura mista; 11,5% utilizam variedades de sementes melhoradas; 1,5% utilizam a mudança de cultivo; 7,8% utilizam a irrigação/agricultura deadama; 32,2% utilizam fertilizantes químicos; 3% utilizam o mulching com resíduos de culturas e estrume animal; 0,2% utilizam o empréstimo de crédito e apenas 0,5% afirmaram que nenhum método de adaptação é o mais adequado.

4.6.3 Outras Estratégias de Adaptação às Alterações Climáticas

O quadro 4.15 apresenta outras estratégias de adaptação às alterações climáticas pelos agricultores na área de estudo.

Quadro 4.15: Outras estratégias para enfrentar as alterações climáticas

S/N	Outras Estratégias	Número de Respondentes	Percentagem (%)
a)	Plantio precoce de sementes	247	64
b)	Plantação tardia de sementes	56	14
c)	Ervilhagem precoce para reduzir a competição de ervas daninhas por nutrientes	68	17
d)	Utilização de sementes melhoradas	04	01
e)	Outros	17	04
	Total	382	100

Fonte: Inquérito de campo, Agosto de 2012.

Noutras estratégias para lidar com as alterações climáticas, sessenta e quatro por cento assinalaram o plantio precoce de sementes; catorze por cento assinalaram o plantio tardio de sementes; dezassete por cento assinalaram o plantio precoce de ervas daninhas para reduzir a competição por nutrientes; um por cento assinalaram o uso de sementes melhoradas e quatro por cento assinalaram outras estratégias adaptativas não listadas nas opções.

4.6.4 Desafios dos Agricultores à Adaptação às Alterações Climáticas

Factores institucionais frequentemente considerados na literatura para influenciar a adopção de novas estratégias adaptativas são o acesso à informação através de serviços de extensão (informação climática e tecnologias de produção), acesso a variedades melhoradas de sementes de cereais, acesso ao crédito de empréstimo. A extensão agrícola aumenta a eficiência na tomada de decisões de adopção. No mundo da informação menos que perfeita, a introdução de novas tecnologias cria uma procura de informação útil para decidir sobre a adopção de novas estratégias (Wozniak 1984). Nos meus estudos, sessenta e cinco por cento dos inquiridos citaram a falta de conhecimentos actuais sobre métodos de adaptação como o principal constrangimento às estratégias de adaptação às alterações climáticas. Além disso, no caso específico das estratégias de adaptação às alterações climáticas, o acesso à informação sobre o clima pode aumentar a probabilidade de adopção de técnicas de adaptação.

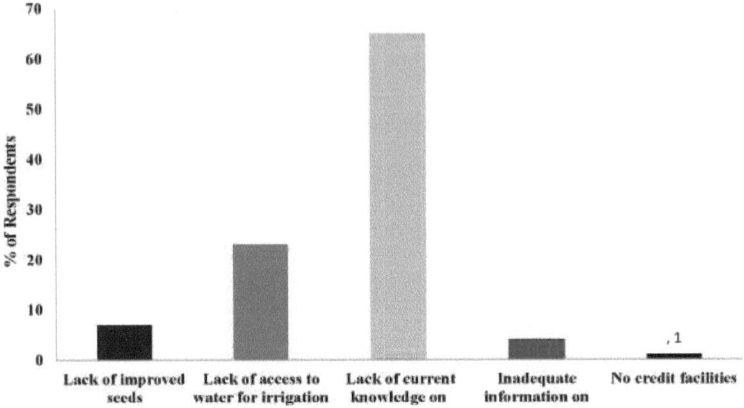

métodos de incidência meteorológica de adaptação

Fig. 4.11: Origem dos Desafios Percebidos pelos Agricultores às Estratégias de Adaptação: Inquérito de campo, Agosto de 2012.

Um grande número de agricultores (sessenta e cinco por cento) em Goronyo, vê a falta de conhecimentos actuais sobre métodos de adaptação como um desafio para as estratégias de adaptação; vinte e três por cento percebeu a falta de acesso à água para irrigação como um desafio para as estratégias de adaptação; sete por cento percebeu a falta de sementes melhoradas como um desafio; quatro por cento percebeu a falta de informação inadequada sobre a incidência do tempo e apenas um por cento percebeu a falta de acesso a facilidades de crédito como um desafio percebido para as estratégias de adaptação, como mostra a figura 4.11. Outra variável que tem recebido atenção é o acesso ao empréstimo de crédito, que geralmente tem um efeito positivo no comportamento de adaptação (Caviglia-Harris 2002; Sain e Barreto 1996). Qualquer investimento fixo requer a utilização de capital próprio ou emprestado. Assim, a adopção de uma tecnologia requer um grande investimento inicial, que pode ser dificultado pela falta de capacidade de contracção de empréstimos. Acredita-se que a riqueza reflecte as realizações passadas dos agricultores e a sua capacidade de suportar riscos. Assim, os agricultores com rendimentos mais elevados e maiores activos estão em melhor posição para adoptar novas tecnologias agrícolas.

CAPÍTULO 5

RESUMO, CONCLUSÃO E RECOMENDAÇÕES

5.1. Introdução

Este capítulo apresenta um resumo geral, conclusão e recomendações com base nos resultados da investigação.

5.2. Resumo do Estudo

O estudo resumiu a informação geral sobre a produção de cereais e adaptação às alterações climáticas e o impacto da precipitação e da variabilidade da temperatura no que diz respeito ao início, cessação, duração da estação das chuvas e número de dias de chuva que são muito cruciais no crescimento e desenvolvimento das plantas. O objectivo do estudo é examinar as estratégias de adaptação às alterações climáticas entre os produtores de cereais da área de estudo. Isto foi conseguido através de um conjunto de objectivos: caracterizar o clima da área de estudo, avaliar a sensibilização dos agricultores de cereais para as questões das alterações climáticas e determinar as estratégias de adaptação adaptadas pelos agricultores de cereais. A análise das tendências foi aplicada para caracterizar o padrão de precipitação e temperatura da área de estudo. Foram utilizados questionários fechados e abertos em 382 agricultores de cereais da área de estudo. O estudo cobre um período de 30 anos. O âmbito geográfico do estudo foi as onze alas políticas de Goronyo. Os dados de precipitação e temperatura durante os 30 anos foram obtidos e utilizados para caracterizar o clima da área de estudo. A investigação utilizou técnicas de amostragem propositadas para administrar o questionário na área de estudo. Os resultados do estudo foram apresentados utilizando linhas de tendência, tabelas e gráficos, tais como gráficos de barras e gráficos de tartes. Com base nos resultados da investigação, foram tiradas conclusões e feitas recomendações para abordar os resultados.

5.3. Conclusão do Estudo

Com base nos resultados da investigação, concluiu-se que a pluviosidade é caracterizada por uma grande variabilidade interanual com uma diminuição substancial da quantidade de chuva em 1984 (263,4mm) e 1987 (285,7mm). A quantidade de precipitação anual em Goronyo está a aumentar. A precipitação média anual é de 563,6mm, o que favorece o cultivo de painço do que de sorgo e milho. O estudo também descobriu que as chuvas estão agora a chegar tarde. A primeira data de início das chuvas ocorre a 31st de Março de 1983. Enquanto a data de início tardio dentro dos 30 anos de estudo é 15th de Junho. A data média de início é 11th de Maio. O estudo revelou também que a duração da estação das chuvas em Goronyo é demasiado curta para o cultivo eficaz de grãos sem implorar estratégias adaptativas. A maior duração da estação chuvosa nos anos de estudo foi registada em 2007 (199 dias), enquanto a menor duração da estação chuvosa foi registada em 1988, 92 dias. A duração média da estação chuvosa é de 149 dias. Verificou-se uma tendência ascendente no número de dias chuvosos. Em resumo, as características da precipitação e da temperatura na área de estudo não são consistentes.

A análise estatística dos dados de temperatura de 1981 a 2010 em Goronyo mostra uma tendência de flutuação da temperatura com um aumento de cerca de 1 grau Celsius. A temperatura máxima mais alta nos 30 anos do estudo é de 38,9^{O} C (1997), enquanto a temperatura máxima mais baixa foi de 32,4 (2003). A temperatura média para os 30 anos do estudo é de 35,4 C.^{O}

De um modo geral, seguindo as características de precipitação e temperatura da área de estudo, a investigação concluiu que as datas de início, datas de cessação, duração da estação chuvosa, número de dias de chuva e a quantidade de precipitação anual não é consistente. Com base nisto, concluiu-se que a inconsistência acima referida nas características climáticas de Goronyo terá uma implicação grave na produção de cereais, uma vez que os agricultores de Goronyo teriam dificuldade em prever as características pluviométricas da área, afectando consequentemente o rendimento das culturas ao afectar os processos de cultivo (preparação do terreno, limpeza, plantação, monda, colheita, etc.).

Foi revelado no estudo que o painço é a cultura de grãos mais cultivada em Goronyo. O painço é o preferido dos molduicultores porque produz muito bem em comparação com o sorgo e o milho, requer pouco esforço para ser cultivado. O painço está melhor adaptado do que o sorgo e o milho a solos secos e inférteis, temperatura elevada, precipitação baixa e errática e fraca capacidade de retenção de água. Cerca de trinta e dois por cento dos agricultores colhem cerca de vinte sacos de painço ou mais anualmente.

Além disso, o estudo revelou que as percepções dos agricultores sobre a variabilidade climática estão de acordo com os registos de dados climáticos. De facto, os agricultores em Goronyo são capazes de reconhecer que as temperaturas aumentaram e que houve um aumento no total anual de precipitação, que a precipitação está agora a chegar tarde e o número de dias de chuva nos últimos anos.

O estudo concluiu também que os agricultores com acesso à informação sobre as alterações climáticas e os serviços de extensão são susceptíveis de perceber mudanças no clima da área, porque os serviços de extensão fornecem informação sobre o tempo e o clima. Ter acesso à informação, utilização de variedades de sementes melhoradas, água para irrigação e acesso a empréstimos aumenta a capacidade de resistência dos agricultores às questões das alterações climáticas; por conseguinte. Com mais experiência, os agricultores são mais propensos a aperceberem-se das mudanças nas características climáticas.

Embora os agricultores estejam bem conscientes das alterações climáticas, poucos parecem tomar medidas para ajustar as suas actividades agrícolas. As principais estratégias de adaptação dos agricultores em Goronyo são (1) rotação de culturas (por exemplo, do milho ao painço e ao sorgo, uma cultura mais tolerante ao calor); (2) culturas mistas; (3) utilização de variedades de sementes melhoradas; (4) mudança de culturas; (5) intensificação da irrigação ou agricultura fadama; (6) e utilização de estrume orgânico e inorgânico, entre outros. O estudo também mostrou que uma diminuição da precipitação é susceptível de levar os agricultores a adiar as suas datas de plantio. Os factores que aumentam a capacidade de adaptação dos agricultores às alterações climáticas incluem: a experiência agrícola dos agricultores, a sua capacidade de perceber as alterações climáticas e os índices climáticos, o acesso ao crédito, a baixa pluviosidade para a produção de cereais e a alta temperatura.

5.3 Recomendações

Na sequência dos resultados e conclusões do estudo dentro dos 30 anos abrangidos, são feitas as seguintes recomendações:

Uma vez que as características da precipitação em totais anuais, dias de chuva, duração da estação chuvosa, onsets e datas de cessação não são consistentes na área de estudo até 11th de Maio. Por conseguinte, recomenda-se que a preparação do terreno e a plantação de painço, sorgo e milho possam ser iniciadas a partir de 31 de Marçost até 11 de Maioth , quando a estabilidade pluviométrica puder ser certa.

Mais ainda, uma vez que o total anual de chuvas favorece o cultivo de painço, os produtores de cereais deveriam concentrar-se mais no cultivo de painço de modo a maximizar a produção de painço.

Uma vez que a observação pessoal é a principal fonte de sensibilização dos agricultores para as alterações climáticas, os produtores de cereais em Goronyo devem ser sensíveis e observadores das alterações climáticas e dos índices climáticos, de modo a saberem quando o clima está a mudar. Os agricultores de cereais não devem ser estereotipados sobre as estratégias adaptativas a utilizar. Devem ser flexíveis e dispostos na sua decisão de ajustar e identificar estratégias de adaptação potencialmente úteis e implementá-las.

Além disso, as políticas governamentais devem, portanto, assegurar que os agricultores tenham acesso a crédito acessível para aumentar a sua capacidade e flexibilidade para alterar as estratégias de produção em resposta às condições climáticas previstas. Porque o acesso à informação climática, melhores variedades de sementes, fertilizantes químicos e água para irrigação aumenta a capacidade de resistência dos agricultores à variabilidade climática. Mais importante ainda, aumentar o acesso dos agricultores à informação sobre alterações climáticas e serviços de extensão é de grande necessidade em Goronyo. Os serviços de extensão fornecem informação útil sobre o tempo e o clima e estratégias de adaptação viáveis às questões das alterações climáticas.

Além disso, os agricultores de cereais devem adoptar variedades de sementes melhoradas e devem praticar a cultura mista, a rotação de culturas e a mudança de culturas de modo a maximizar a terra disponível e as condições climáticas que favorecem o seu cultivo.

Além disso, o governo (estatal e local) poderia ajudar a tornar o fertilizante químico disponível para compra aos agricultores. Os agricultores poderiam também utilizar fertilizante inorgânico que se provou ser tão eficaz como o fertilizante químico nas regiões de savana, em vez de esperar pelo fornecimento de fertilizante químico.

Finalmente, a barragem de Goronyo deve ser desenvolvida e aberta à utilização pelos agricultores, uma vez que a maior parte das actividades agrícolas na área de estudo é realizada em redor da área da barragem de Goronyo, principalmente o cultivo de milho.

REFERÊNCIAS

Adebayo, A. A. (1997). The Application of Agroclimatology to Agricultural Planning in Adamawa State, Nigeria. *In Journal of Applied Science and Management*, Vol.1, No.1, Pp 69-75.

Adefolalu, D. O. (2007). Climate Change and Economic Sustainability in Nigeria, documento apresentado na Conferência Internacional sobre Alterações Climáticas e Sustentabilidade Económica realizada na Universidade Nnamdi Azikiwe, Awka, Estado de Enugu, Nigéria, 12-14 de Junho de 2007.

Adejuwon, J. O. (2006). Produção de culturas alimentares na Nigéria: Potenciais efeitos das alterações climáticas. Climate Research Vol. 32, 229-245.

Adesina, A. A, e J. B. Forson (1995). As percepções dos agricultores e a adopção de novas tecnologias agrícolas: Provas de análises no Burkina Faso e na Guiné, África Ocidental. Economia Agrícola 13:1-9.

Ahmad, Q. K, e Ahmed A. U (2000). Social Sustainability, Indicators and Climate Change, em Munasingh, M. e Swart, R. (Eds), "Climate change and its linkages with development equity and sustainability". Actas da Reunião de Peritos do IPCC realizada em Colombo, Sri Lanka, 149 27-29, Abril, 1999.

Ahmed, H. A (1978). O Padrão de Sistemas Agrícolas e Produção de Culturas no estado de Borno. *Revista Nigeriana de Ciências Agrícolas*, 2 (1): 9-16.

Akonga, A. Z. (2001). The Causes and Impacts of Drought. *Monografia ANIS* nº 3, pp. 1-16

Akpodiogaga, P. e Odjugo O. (2010). General Overview of Climate Change Impacts in Nigeria in *Journal of Human Ecology*, vol. 29 Issue 1: pp 47-55. 2010.

Anselm, A. E. e Taofeeq A. A. A. (2010). Desafios da Adaptação Agrícola às Alterações Climáticas na Nigéria: uma síntese da literatura. Um documento de conferência realizado em 27th de Julho de 2010 em Enugu, Nigéria.

Asuquo, E. O. (2009). Climate Change Adaptations an area paper. Uma tese de doutoramento não publicada apresentada no Departamento de Geografia, Universidade de Ibadan, Estado de Oyo.

Despertar 2009. Estamos a ficar sem água? *Despertai!* Janeiro de 2009, pp. 3-7.

Ayoade, J. O. (2002). Introdução à Agroclimatologia. Ibadan. Vantage Publishers, pp 201

Ayoade, J. O. (2003). Climate Change, Vantage Publishers, Ibadan, pp. 45-66.

Ayoade, J. O. (2004). Introdução à Climatologia para os Trópicos. Ibadan. Publicado por Spectrum Books Ltd.

Ayuba, H. K, Maryah U. M, e Gwary D. M (2007). Climate Change Impact on Plant Species Composition in six semi-arid rangelands of Northern Nigeria, Nig. Geogr. J., 5(1):35-42.

Barry, S. e Mark W. S. (2002). Adaptação na Agricultura às Alterações Climáticas: Uma tipologia. Trabalho apresentado no Departamento de Geografia, Universidade de Guelph, Ontário, Canadá NIG 2W1.

Bazzaz, A. F. e Sombroek, W. G. (1994). Global Climate Change and Agricultural Production (Alterações climáticas globais e produção agrícola): An assessment of current knowledge and critical gaps in Climate change and Agriculture, Department of Organismic and Evolution Biology, Harvard University, Cambridge, Massachusetts, U.S.A.

Bernard, H. R. (2002). Métodos de Investigação em Antropologia Métodos Qualitativos e Quantitativos. 3rd edition, AltaMira press, Walnut Creek, California.

Projecto BNRCC. (2011). Building Nigeria's Response to Climate Change Towards a National Adaptations Strategy and Plan of Action (NASPA). Preparado pelo BNRCC 14th Março de 2011.

Boko, M. I. (2007). África nas Alterações Climáticas 2007: Impactos, Adaptação e Vulnerabilidade. Contribution of Working Group II to the fourth Assessment Report of the Intergovernmental Panel on Climate Change, M. L. Parry, O. F. Canziani, J. P. Palutikof, P.J. Van der Linden e C.E. Hanson, Eds., Cambridge University Press, Cambridge UK, 433-467.

Brklacich, M., McNabb, D., Bryant, C. e Dumanski, J. (1996). "Adaptabilidade dos sistemas agrícolas às alterações climáticas globais": A Renfrew County, Ontario, Canada pilot study", em B. Iibery, Q. Chiotti e T. Rickard (eds.), Agricultural Restructuring and Sustainability: A geographical perspective, Wallingford, CAB International, pp. 351-364.

Brussel, S. E. (2009). Adapting to Climate Changes: the challenge for European agriculture and rural areas Commission of the European Communities commission working staff working document accompanying the white paper no.147 in Anselm A. E. and Taofeeq A. A. (2010): Challenges of Agricultural Adaptation to Climate Change in Nigeria: a synthesis from the literature. Um documento de conferência realizado em 27th de Julho de 2010 em Enugu, Nigéria.

Bryant, C. R. (2000). Adaptação na agricultura canadiana à variabilidade e mudança climática. Alteração Climática 45(1):181-201.

Buba, A. D. (2004). Climate Change and water Problems in Chad Republic, J. Arid Environ. 3(2): 42-50.

Burton, I. *et al.* (1993). The Environment as Hazard, Segunda Edição, Nova Iorque, Guilford Press.

Carter, T. R, Parry, M. L., Harasawa, H. e Nishioka, S. (1994). IPCC Technical Guidelines for Assessing Climate Change Impacts and Adaptations, Londres, Departamento de Geografia, University College London.

Caviglia-Harris, J. (2002). Sustainable Agricultural Practices in Rondonia, Brasil: Do Local Farmer Organizations Impact Adoption Rates, Department of Economics and Finance, Salisbury University.

Chakereddza, S., August, B., Aissetou Y., Makungwa S., e Saka D. K. (2009). Mainstreaming Climate Change into Agricultural Education (Integração das Alterações Climáticas na Educação Agrícola): Desafios e Perspectivas. Nairobi, Quénia. Publicado pelo World Agroforestry Centre.

Chindo, A, e Nyelong P. N. (2005). Lago Chade: De Mega-lake a Mini-lake, Touro de Pântano Árido. No. 6: 24 - 27.

Danbaba, A. M. (2007), Introduction to crop Science, Adeoje Publishers, Lagos, pp 78-88

David, A. V. (1995). Sorgo e millets Química e Tecnologia. 406 pp. EUA, St. Paul. Minnesota, America Association of Cereal Chemists, Inc., Minnesota, America Association of Cereal Chemists, Inc., Minnesota.

De Groote, H. e N. Coulibaly (1998). Género e Geração: An Intra-Household Analysis on Access to Resources in Southern Mali. African Crop Science Journal 6(1): 79-95.

Desai, N. (2007). Desenvolvimento sustentável em Basu, K. (ed), a economia de Oxford na Índia; Nova Deli, 2007.

Deweerdt, S. (2007). A mudança climática regressa a casa: Efeitos do aquecimento global na população. Vigilância mundial 20(3): 8-13.

Diao, X. P. (2006). O Papel da Agricultura no Desenvolvimento: Implicações para a África Sub-Sahariana. IFRI, Development Strategy and Governance Division, Discussion Paper No.29. Disponível em: http://www.ifpri.org. Acesso em 20-09-08.

FAO, Organização das Nações Unidas para a Alimentação e a Agricultura, (2003). Responder aos desafios da insegurança alimentar e agrícola Mobilizar a África para implementar os programas NEPAD. Conferência de Ministros da Agricultura da União Africana, Maputo, Moçambique, 1-2 de Julho, 2003.

FAO. (2007). Alterações climáticas e segurança alimentar. FAO, Roma, Itália.

Fankhauser, S. (1996). 'The Potential Costs of Climate Change Adaptation', em J.B.Smith, N. Bhatti,G. Menzhulin, R. Bennioff, M. Budyko, M. Campos, B. Jallow e F. Rijsberman (eds.), Adapting to Climate Change: An International Perspective, Nova Iorque, Springer, pp. 80-96.

Ministério Federal do Ambiente (2003). A Primeira Comunicação Nacional da Nigéria: No âmbito da Convenção-Quadro das Nações Unidas sobre Alterações Climáticas. Publicada pelo Ministério do Ambiente da República Federal da Nigéria, Abuja 2003.

Hengeveld, H. W. e Fergusson B. A. (2005). Uma introdução *às* alterações climáticas: Uma perspectiva canadiana. Ambiente Canadá,Canadá, pp. 7-27.

Ifabiyi, I. P e Omoyosoye, O. (2011). Características da precipitação e rendimento do milho no estado de Kwara, Nigéria. In Indian Journal of Fundamnetal and Applied Life Sciences. Volume 1 (3), pp. 60-65. Disponível em http://www.cibtech.org/jls.htm.

Ikhile, C. I. (2007). Impacts of Climate Variability and Change on the Hydrology and Water Resources of the Benin-Owena River Basin, uma tese de doutoramento inédita apresentada ao Departamento de Geografia e Planeamento Regional, Universidade de Benin, Cidade de Benin, Nigéria

Estratégia Internacional para a Redução de Catástrofes (2008). Alterações climáticas e redução do risco de catástrofes. ISDR, Genebra,

IPCC, (2001). O Relatório do Grupo de Trabalho II do Painel Intergovernamental sobre as Alterações Climáticas para os Decisores Políticos. Pp 879 - 884.

IPCC, (2007). Alterações Climáticas 2007: Impactos, Adaptação, e Vulnerabilidade. Contribuição do Grupo de Trabalho II para o quarto relatório de Avaliação do Painel Intergovernamental sobre Alterações Climáticas (Parry, Martin L., Canziani, Osvaldo F., Palutikof, Jean P., Vander Linden, Paul J., e Hanson, Clair E. (eds.) Imprensa da Universidade de Cambridge, Cambridge, Reino Unido.

"IPCC, (2010). Glossário Grupo de Trabalho III, P. 818" (PDF) http://www.ipcc.ch/pdf/glossary/ar4-wg3.pdf. Recuperado em 2010 -08-26

Iren Leder, (2004). Sorgo e Millets, em Cultivated Plants, Primariamente como Fontes Alimentares (Ed. Gyorgy Fuleky), em Encyclopedia of Life Support Systems (EOLSS), Desenvolvido sob os auspícios da UNESCO, Eoslss Publishers, Oxford, Reino Unido.

Jagtap, S. (2007). Gerir a Vulnerabilidade a Eventos Climáticos e Meteorológicos Extremos: Implicações para a agricultura e segurança alimentar em África, documento apresentado na Conferência Internacional sobre os impactos do tempo e clima extremos no desenvolvimento socioeconómico em África realizada na Universidade Federal de Tecnologia, Akure, Nigéria. 11-15 Nov. 2007. pp 1-15.

Khanal, R. C. (2009). Alterações Climáticas e Agricultura Biológica. *The Journal of Agriculture andEnvironment,* vol. 10, pp 100 - 110.

Krejcie, R. V e Morgan, D. W. (1970). Determinação do tamanho da amostra para actividades de investigação. *Journal of Educational and Psychological Measurement*. Pp 30, 607-610.

Maunder, W. J. (1994). Dicionário das Alterações Climáticas Globais (2nd edn). Nova Iorque. Chapman e Editores de Hall.

McGuire, B. e Macon, K. C. (2002). Natural hazards and environmental change, Arnold, Londres, 13 - 61.

Mendelsohn, R., A. Dinar e A. Dalfelt (2000). O impacto das alterações climáticas na agricultura africana. Análise preliminar preparada para o Banco Mundial, Washington, Distrito de Columbia, pp 25.

Mitchell, J. e Tanner, T. C (2006). "Climate Change": Mitigation and Adaptation", Climatic Change (no prelo).

Molega, A. U. (2006). Anomalias de pluviosidade na Nigéria. J. Arid Environ., 5(1): 1-8.

Mshelia, A. D. (2005). Adaptation strategies to climate change, J. Energy Environ, 18 (3): 7481.

Nhemachena, C., e R. Hassan (2007). Análise micro-nível da adaptação dos agricultores às alterações climáticas na África Austral. Documento de Discussão IFPRI No. 00714. International Food Policy Research Institute, Washington, D.C.

Equipa de Estudo/Acção Ambiental Nigeriana (NEST). (2003), Climate change in Nigeria: A communication guide for repórteres e educadores, NEST, Ibadan.

Nnodu, V.C, (2007). Variabilidade climática e o seu impacto no escoamento no Sudeste da Nigéria, documento apresentado na Conferência Internacional sobre Alterações Climáticas e Sustentabilidade Económica realizada na Universidade Nnamdi Azikiwe, Enugu, Nigéria. 12-14 de Junho de 2007.

N.P.C. (2006). Relatório do Censo da Comissão Nacional da População, República Federal da Nigéria.

Nwafor, J. C. (2006). Avaliação do impacto ambiental para o desenvolvimento sustentável: The Nigerian perspective, Enugu, Environmental and development policy centre for Africa, pp. 372-385.

Nwafor, J. C. (2007). Alterações climáticas globais: The driver of multiple causes of flood intensity in Sub-Saharan Africa, documento apresentado na Conferência Internacional sobre Alterações Climáticas e Sustentabilidade Económica realizada na Universidade Nnamdi Azikiwe, Enugu, Nigéria, 12-14 de Junho de 2007.

Nyelong, P. N. (2004). Global warming and global waters, J. Energy Environ., 17(1) pp. 79-90

Odjugo, P. A. (1999). Climatological Implications of Environmental Degradation on Sustainable Human Development, GeoResearch, 3:52-60.

Odjugo, P. A. (2001). The Impacts of Global Warming on Extreme Weather Conditions (Os Impactos do Aquecimento Global em Condições Meteorológicas Extremas): Global and Local Evidences, Asia Pacific Journal on Environmental and Development (APJED), 7(1): 53 - 69.

Odjugo, P. A e Ikhuoria, A. I. (2003). The Impacts of Climate Change and Anthropogenic Factors on Desertification in the Semi-arid Region of Nigeria, Global Journal of Environmental Science, 2(2): 118-126.

Odjugo, P. A. (2005). An analysis of Rainfall Pattern in Nigeria, in *Global Journal of Environmental*

Science, 4(2): 139-145.

Ojugo, P. A. (2007). The Impacts of Climate Change on Water Resources; Global and Regional Analysis, *revista indonésia de Geografia*, 39 (1): 23-41.

Odjugo, P. A. (2008). Quantifying the Cost of Climate Change Impact in Nigeria (Quantificando o custo do impacto das alterações climáticas na Nigéria): Ênfase no vento e nas tempestades de chuva. *Journal of Human Ecology* (In Press).

Odjugo, P. A. O. (2009). Análise global e regional das causas e do ritmo das alterações climáticas. Actas da Conferência Nacional sobre Alterações Climáticas e Ambiente Nigeriano realizada no Departamento de Geografia, Universidade de Nsukka, Nsukka, Nigéria, 29 de Junho - 2 de Julho, 2009.

Odjugo, P. A. (2010a). Regional Evidence of Climate Change in Nigeria in *Journal of Geography and Regional Planning,* Vol. 3(6), pp. 142-150, Junho de 2010 Disponível em linha em http://www.academicjoumals.org/JGRP. ISSN 2070-1845© 2010 Academic Journals

Odjugo, P. A. (2010b). Shift in Crops Production as a means of Adaptation to climate change in the semi-arid region of Nigeria in *Journal of Meteorology and Climate Science* Vol. 8(1), pp. 1-6, Junho de 2010. ISSN: 2006-7003© 2010 Academic Journals

Odjugo, P. A. (2010c). General Overview of Climate Change Impacts in Nigeria in *Journal of Human Ecology* Vol. 29(1), pp. 47-55, Junho de 2010. ISSN: 2006-7003© 2010 Academic Journals

Odjugo, P. A. (2011). Alterações Climáticas e Aquecimento Global: The Nigerian Perspective in *Journal of "Sustainable Development and Environmental Protection".* Volume 1 Número 1.

Ogundebi, A. O. (2004). Impactos sócio-económicos das inundações no estado de Lagos, Ambiente. Análise de Impacto. 12 (1): 16-30.

Ogunwole, J. O. e J. J. J. Owunubi. (1998). Climate Variables and Potentials Productivity of Irrigated Agriculture in Nigeria (Variáveis Climáticas e Produtividade Potencial da Agricultura Irrigada na Nigéria). In: *Irrigação na Agricultura Sustentável. Actas do 12th Seminário Nacional de Irrigação e Drenagem.* Ramadan, A. A. (ed.), Institute for Agricultural Research (IAR), Samaru. Pp 285-293.

Oladipo, E. (2010). Para o reforço da Capacidade Adaptativa da Nigéria: Uma revisão do estado de preparação do país para a adaptação às alterações climáticas. Fundação Heinrich Boll, Illorin.

Olaniran, O. J. (1991). Evidence of Climate change in Nigeria based on Annual series of Rainfall of different amount 1900-1985 in Climate Change, vol. 19, pp319-341, 1991.

Porbeni, C. V. (2004). The Impacts of Global Warming on high Latitudes and altitudes, J. Arid Environ, 3(2):, 75-88.

Rahmstort, S.; Morgan, J.; Levermann, A. e sarah, K. (2009). Compreensão científica das alterações climáticas e suas consequências para um acordo global.

Rouannent G. (1987). O Agricultor Tropical Ed: Casta de aluguer, Macmillan Publisher Ltd, Malásia, 102p.

Sam, G., e H. J. Barreto (1996). A Adopção da Tecnologia de Conservação do Solo em El Salvador: A Ligação entre Produtividade e Conservação. *Journal of Soil and Water Conservation* 51: 313-321.

Saka, A, (2008). O Aquecimento Global e os Impactos das Alterações Climáticas nas Comunidades Vulneráveis e sectores de crescimento económico. Documento apresentado no 2nd ANAFE International Symposium on "Mainstreaming Climate Change into Agricultural and Natural Resources

Management Education": Ferramentas, Experiências e Desafios" Realizado no Lilongwe, Malawi, de 28th Julho a 1st Agosto de 2008.

Sani, M. (2005). O Estudo Geográfico do Mercado Central de Sokoto. Um Msc. não publicado. Tese apresentada no Departamento de Geografia, Universidade Usmanu Danfodio, Sokoto.

Sawa, B. A e Adebayo A. A. (2011). Alterações climáticas e rendimento das culturas de cereais em Samaru, Zaria. *Nigerian Journal of Geography and the Environment*, volume 2 No.1 e 2, Pp 255-265.

Scott, A. M. (2010). Aquecimento Global: Homem ou mito? Disponível em http://www2. Sunysuffolk.edu/mandias.

Smit, B. (ed.)(1993). Adaptation to Climatic Variability and Change, Guelph Environment Canada.

Smit, B. (1999). A Ciência da Adaptação: A framework for assessment, Mitigation & Adaptation Strategies for Global Change, 199-213.

"Sokoto". *Encyclopaedia Britannica. Encyclopaedia Britannica Online*. Encyclopaedia Britannica, 2011. Web. 25Maio. 2011. <http://www.britannica.com/EBchecked/topic/552796/Sokoto>.

Spurgeon, J, Wasilawski, C. Ikpi, A. e Foster, S (2009). Impacts of Climate Change on Nigeria's Economy (Impactos das Alterações Climáticas na Economia da Nigéria), DFID.

Stainforth, D. A *et al.* (2007). Questões na Interpretação de Conjuntos de Modelos Climáticos para Informar Decisões. Philosophical Transactions of the Royal Society, 365, pp. 2163-2177.

Stige, L. C., *et al.* (2006). The Effect of Climate Variation on Agro-Pastoral Production in Africa (O Efeito da Variação Climática na Produção Agro-Pastoral em África).
P. Academia Nacional. Sci. USA, 103, 3049-3053.

Tegart, W. (1990). Alterações Climáticas: A Avaliação do IPCC. Preparado pelo Painel Intergovernamental sobre Alterações Climáticas (IPCC). Serviço de Publicações do Governo Australiano. Canbera,

Umoh, E. (2007). Flooding Problems in Rivers state, J. Environ. Sci. 4(2): 44-60.

Convenção-Quadro das Nações Unidas sobre Alterações Climáticas (UNFCCC): 1992, Convenção-Quadro das Nações Unidas sobre Alterações Climáticas: Texto, Genebra, Organização Meteorológica Mundial e Programa das Nações Unidas para o Ambiente.

United Nations Framework Convention on Climate Change (UNFCCC): 1998, 'The Kyoto Protocol to the UNFCCC', in UNFCCC, Report of the Conference of the Parties Third Session, Kyoto, UNFCCC,pp. 4-29

USAID, (2007). Adaptação à variabilidade e mudança climática: Manual de Orientação para o Planeamento do Desenvolvimento. Publicado pela USAID (2007).

Wozniak, G.D. 1984. A adopção de inovações inter-relacionadas: Uma abordagem do capital humano. Revisão da Economia e Estatística 66 (LXVI): 70-79.

Yahaya, T. I e Abubakar A.S. (2012). Determinação da variabilidade sazonal da precipitação e a sua Implicação Agroclimática em Illorin, Estado de Kwara, Nigéria. In Multi-disciplinary Journal, Vol. 1 (2) pp. 41-51.

Yaqub, C. N (2007). Invasão do deserto em África: Extensão, causas e impactos. *Journal of Arid Environment,* 4(1): 14-20.

Yekken, S. (2011). Planeamento Espacial Inovador na Atenuação da Vulnerabilidade Relacionada com as Alterações Climáticas em Urbano Nigeriano. Uma apresentação em papel na Universidade Federal de Tecnologia, Minna, Nigéria. Departamento de Planeamento Urbano e Regional;

Yugunda, B. S. (2002). Impactos sócio-económicos e culturais da invasão do deserto na Nigéria. *Journal of EnvironmentalDynamics,* 5(2): 19-30.

APÊNDICE

Departamento de Geografia da

Universidade Ahmadu Bello,

Estado de

Zaria

Kaduna, Nigéria.

Caro Respondente,

Este questionário foi concebido para obter informações sobre o **Estratégias de Adaptação entre os Agricultores de Grãos às Alterações Climáticas na Área de Governo Local de Goronyo do Estado de Sokoto,** para uma investigação Msc na instituição acima referida.

Por favor, tenha a certeza de que toda a informação fornecida será tratada de forma confidencial e utilizada apenas para este fim académico.

SECÇÃO A- DADOS PESSOAIS

Por favor assinale ( ) na opção apropriada para si

1) Idade (anos) (a) 31 - 40 (b) 41 - 50 (c) 50 ou mais

2) Género: (a) Masculino ( ) (b) Feminino ( )

3) Estado civil: (a) Casado ( ) (b) Divorciado ( ) (c) Solteiro ( ) (d) Viúvo ( )

4) Qualificação educacional (a) Primária ( ) (b) Secundária ( ) (c) Terciária ( )

(d) Corânico ( ) (e) Nenhum ( )

5) Religião (a) Islamismo ( ) (b) Cristianismo ( ) (c) Religião Tradicional ( ) (d) Outros, especificar

6) Há quanto tempo está em Goronyo? (a) 20-30 anos ( ) (b) 31-41 anos

(c) 41 e acima

AGRICULTORES E PRODUÇÃO DE CEREAIS

7) Que cultura(s) tem vindo a cultivar? (a) Milho (b) milho (c) sorgo (d) outras, especificar

8) Qual das culturas acima mencionadas é a(s) sua(s) cultura(s) favorita(s)? (a) Milho (b) milho (c) sorgo (d) outras, especificar

9) Na sua opinião, qual é actualmente a cultura mais cultivada em Goronyo? (a) Sorgo (b)milheto (c) milho (d) outros, especificar

10) Qual é a sua escolha para cultivar a(s) sua(s) cultura(s) actual(ais)? (a) é resistente à seca (b) produz muito bem (c) para o seu valor económico/doméstico (d) requer pouco esforço e manutenção (e) outros, especifique

11) Há quanto tempo cultiva a(s) cultura(s) mencionada(s) em (8)? (a) 1-5 anos ( ) (b) 6-10 anos (c) 11-15 anos ( ) (d) 16-20 anos ( ) (e) 20 anos e mais ( )

12) Quais são os sacos médios de cada colheita desde que começou a cultivá-los em Goronyo? (a) 1-5 sacos ( ) (b) 6-10 sacos ( )

(c) 11-15 sacos ( ) (d) 16-20 sacos ( ) (e) 20 sacos ou mais

13) A sua colheita anual da(s) cultura(s) no mesmo pedaço de terra está a aumentar ou a diminuir?

(a) Aumentar ( ) (b) Diminuir ( ) (c) Permanece o mesmo rendimento todos os anos ( )

14) Se aumentar, o que pensa que poderá ser responsável pelo aumento? (a) precipitação precoce (b) precipitação elevada (c) temperatura elevada ( ) (d) outros, especificar

15) Se está a diminuir, o que pensa que é responsável pela diminuição? (a) precipitação tardia ( ) (b) pequena quantidade de precipitação ( ) (c) baixa temperatura ( ) (d) outros, especificar

A PERCEPÇÃO DOS AGRICULTORES SOBRE AS ALTERAÇÕES CLIMÁTICAS

16) Está ciente de que o clima está a mudar? (sim) (Não)

17) Quais são as suas fontes de informação sobre as alterações climáticas? (a) de observações pessoais no ambiente ( ) (b) de interacção com amigos ( ) (c) de material impresso (por exemplo jornal, revista) ( ) (d) dos meios electrónicos (por exemplo rádio, televisão, etc.) ( ) (e) da escola ( ) (f) de todas as fontes acima referidas.

Utilize a opção abaixo para responder às perguntas 15-23

A - Acordado

D - Discordado

U - Indeciso

SA - Fortemente Acordado

SD - Discordância forte

18) O ambiente nesta aldeia está a mudar devido às actividades humanas ( )

19) O início das chuvas está agora a chegar tarde ( )

20) O número de dias/meses/ano de chuva está a aumentar ( )

21) A temperatura à volta desta aldeia está a subir ( )

22) A quantidade de precipitação em comparação com os últimos dez anos mais está a diminuir todos os anos ( )

23) O tempo está a ficar mais seco ( )

24) As chuvas anuais não estão a apoiar a produção de culturas como antes ( )

25) A mudança do clima levou à infestação de culturas e doenças por pragas ( )

26) Tem havido um aumento da incidência de cheias durante a estação das chuvas ( )

ESTRATÉGIAS ADAPTATIVAS DOS AGRICULTORES

27) A partir da sua experiência na produção de cereais ao longo dos anos, é possível adaptar-se às alterações climáticas? (a) sim ( ) (b) não ( )

28) A partir da sua experiência agrícola, quais são as melhores estratégias para se adaptar às alterações climáticas?

(a) rotação de culturas ( ) (b) culturas mistas ( ) (c) utilização de variedades melhoradas de sementes ( ) (d) alteração da extensão das terras colocadas na produção de culturas (e) adopção da irrigação/adama agricultura (f) utilização de fertilizantes químicos (g) adubação com resíduos de culturas (h) acesso a facilidades de empréstimo ( ) (i) nenhum método de adaptação é mais adequado.

29) Quais são as outras estratégias que adaptou para lidar com o efeito das alterações climáticas na sua produção de cereais? (a) plantação precoce das sementes ( ) (b) plantação tardia ( ) (c) monda

precoce para reduzir a concorrência das ervas daninhas por nutrientes ( ) (d) acesso ao empréstimo de crédito ( ) (e) outras, especificar

30) Na sua própria opinião, quais são os obstáculos percebidos à adaptação das técnicas modernas de combate às alterações climáticas? (a) Falta de sementes melhoradas ( ) (b) falta de acesso à água para irrigação (c) falta de conhecimentos actuais sobre métodos de adaptação ( ) (d) falta de informação adequada sobre a incidência climática ( ) (e) não há obstáculos à adaptação.

31) O que recomenda que seja feito para melhorar a luta contra as alterações climáticas no seu ambiente? Comente livremente.

Printed by Books on Demand GmbH, Norderstedt / Germany